手绘
海洋动物 修订版
Hand-Painted Marine Animals

张茂霖 著／绘

人民邮电出版社
北京

图书在版编目（ＣＩＰ）数据

手绘海洋动物 / 张茂霖著、绘. -- 修订本. -- 北京 : 人民邮电出版社，2023.5
ISBN 978-7-115-59871-4

Ⅰ．①手… Ⅱ．①张… Ⅲ．①海洋生物－动物－青少年读物 Ⅳ．①Q95-49

中国版本图书馆CIP数据核字(2022)第155504号

♦ 著 ／ 绘　　张茂霖
　　责任编辑　　张天怡
　　责任印制　　陈　犇

♦ 人民邮电出版社出版发行　　　北京市丰台区成寿寺路 11 号
　　邮编　100164　　电子邮件　315@ptpress.com.cn
　　网址　https://www.ptpress.com.cn
　　天津市豪迈印务有限公司印刷

♦ 开本：880×1230　1/16
　　印张：9　　　　　　　　　　2023 年 5 月第 1 版
　　字数：160 千字　　　　　　2023 年 5 月天津第 1 次印刷

定价：59.80 元

读者服务热线：(010)81055410　印装质量热线：(010)81055316
反盗版热线：(010)81055315
广告经营许可证：京东市监广登字 20170147 号

亲爱的读者：

　　你好！欢迎阅读此绘本。

　　海洋动物对于我们普通人来说是那么遥远——它们生活在大海里，我们生活在陆地上。我们能在海洋馆里看到一些海洋动物，不过很多海洋动物是无法在海洋馆里存活的，它们只能生活在大海里，这对于喜爱海洋动物的人来说不免有些遗憾。所以我创作了这部绘本，把一些在海洋馆里看不到的海洋动物通过绘本的形式呈现在你面前，给你讲述那些精彩的故事。

　　我选择了钢笔水彩和漫画分镜头的表达方式来呈现五彩斑斓的海洋动物世界，这样你既能了解海洋动物的外形特点，又能通过一些故事情节来了解海洋动物的生活习性。

　　通过这部绘本，我还想让你知道，人类的一些不当行为已经威胁到了海洋动物的生存，一些物种因此濒临灭绝。灭绝意味着这种动物将永远从地球上消失，你在哪儿都看不到它们了，这将是人类永久的遗憾。因此，我们要爱护海洋动物，即使它们对于我们来说是那么遥远。

　　希望你能喜欢我的作品，谢谢！

张茂霖

2012 年 8 月

CONTENTS

目 录

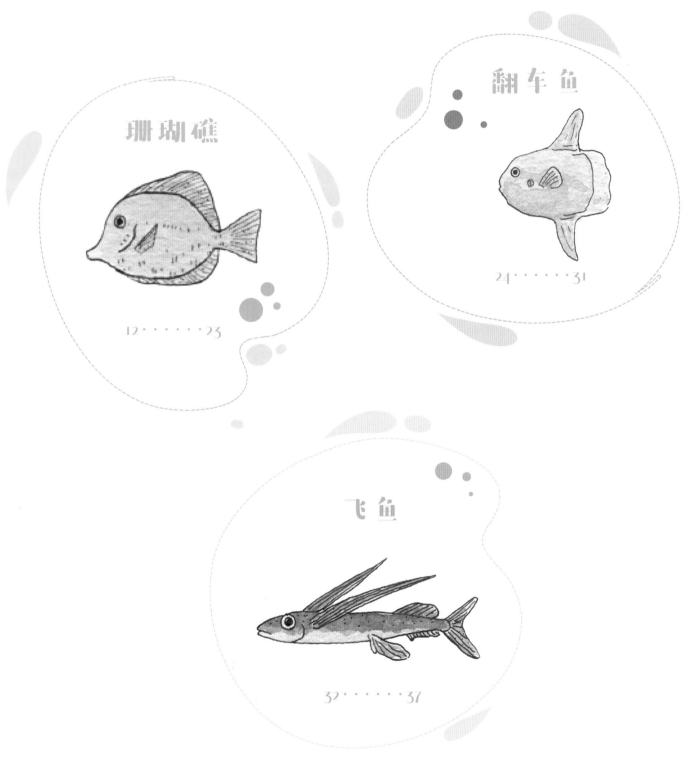

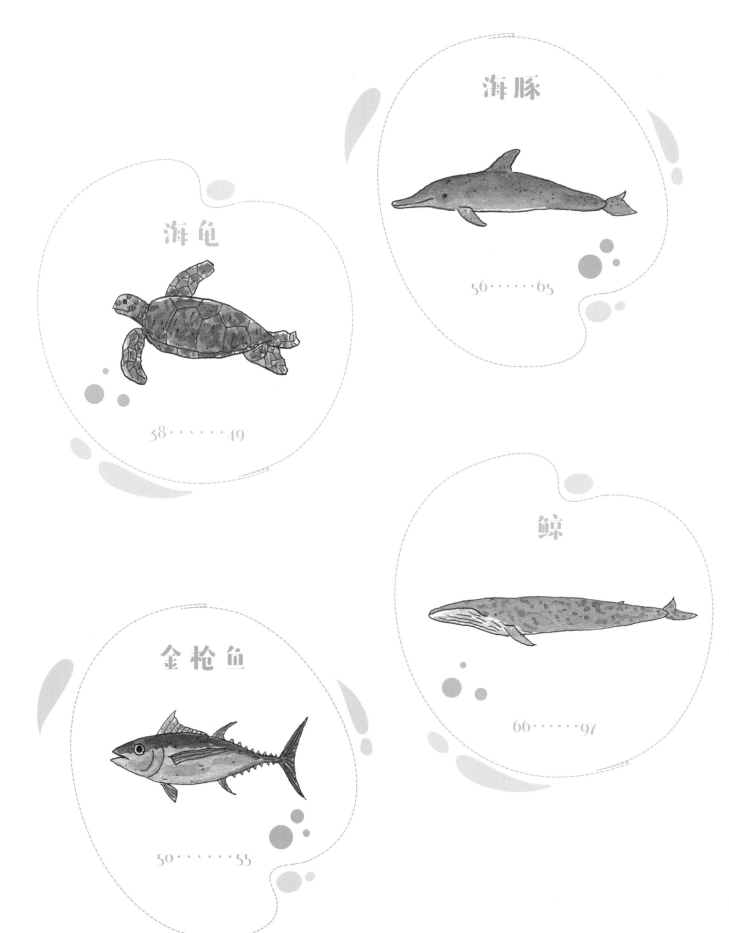

海豚

56······65

海龟

38······49

鲸

66······97

金枪鱼

50······55

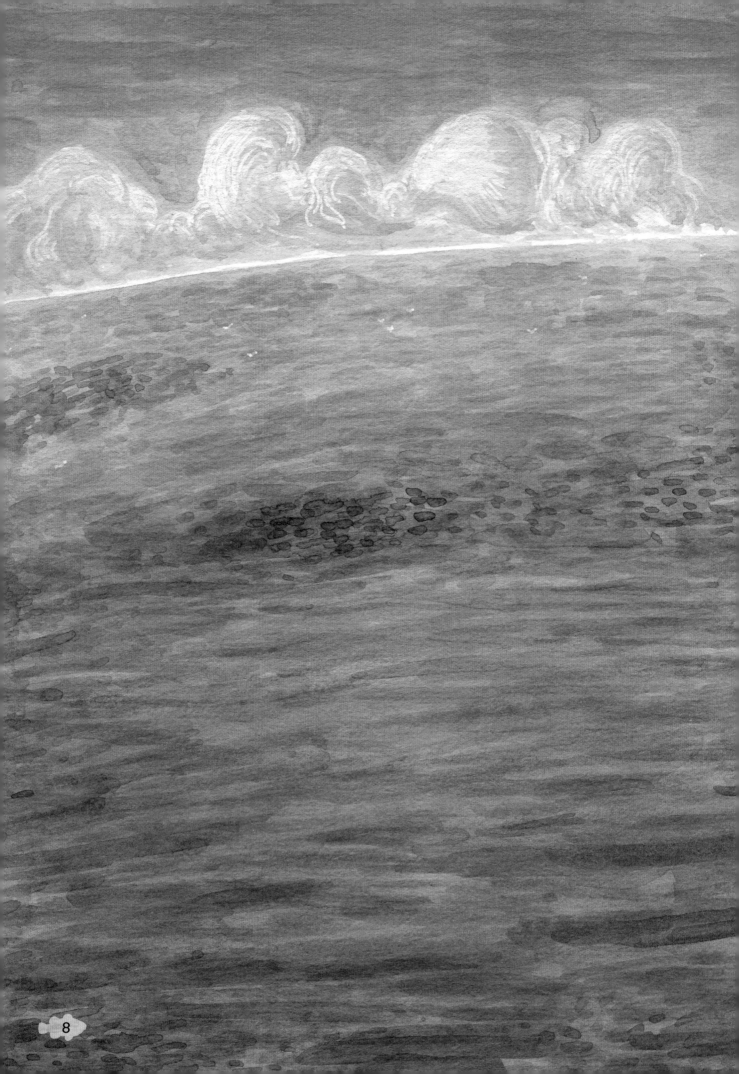

一望无际的大海，
占据着地球表面大约 71% 的面积。

鲣（jiān）鸟

在波涛汹涌的海面之下，
生活着各种各样的海洋动物。

珊瑚礁

　　珊瑚礁大多位于海洋中的浅水地带，阳光创造出了五彩缤纷、种类丰富的珊瑚礁群落，数不清的动物悠闲自得地生活在这里。

鹿角珊瑚

珊瑚是这里的主角，它们由珊瑚虫这种微小的动物构成。

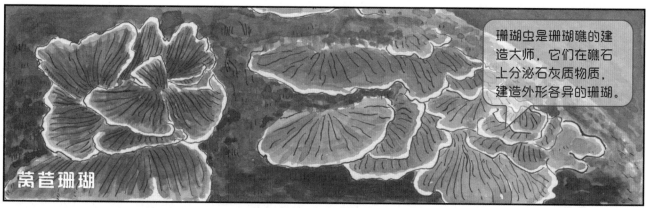

珊瑚虫是珊瑚礁的建造大师，它们在礁石上分泌石灰质物质，建造外形各异的珊瑚。

莴苣珊瑚

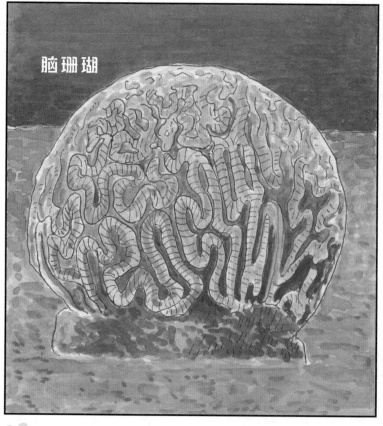

脑珊瑚

花盆珊瑚

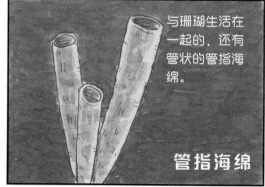

与珊瑚生活在一起的，还有管状的管指海绵。

管指海绵

珊瑚也是这个富饶生物圈的重要部分，它们为许多动植物提供了食物和庇护所。

躲在鹿角珊瑚里的小鱼。

海葵

海葵生活在珊瑚礁之间，其外表像植物，却是食肉动物。

海葵通过带有毒刺的触手捕捉猎物，然后将其送入口中。

？

收拢成球状的海葵。

但海葵移动性差，取食范围很小。

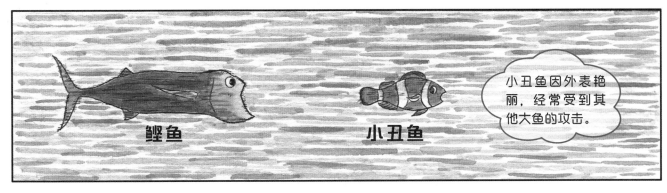

鲣鱼

小丑鱼

小丑鱼因外表艳丽，经常受到其他大鱼的攻击。

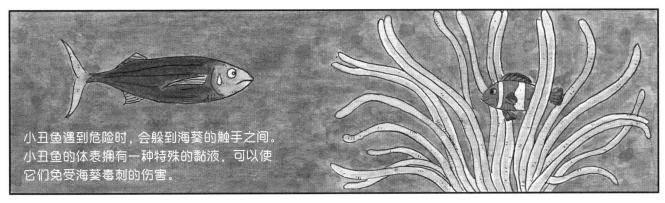

小丑鱼遇到危险时，会躲到海葵的触手之间。小丑鱼的体表拥有一种特殊的黏液，可以使它们免受海葵毒刺的伤害。

互利共生的
小丑鱼和海葵

海葵保护了没有自卫能力的小丑鱼，小丑鱼为无法移动的海葵引来猎物。它们互利共生，各取所需。

石斑鱼

微小的清洁鱼（学名：霓虹刺鳍鱼）有"鱼医生"之称，它们专为因受到细菌和寄生虫的侵袭而痛苦的大鱼搞清洁。生病的大鱼有的张开大嘴，有的让清洁鱼钻入它的鳃裂里。清洁结束后，大鱼舒服地游走了，清洁鱼也饱餐了一顿，它们也是互利共生的关系。

海鳝

梭鱼性情凶狠且极具攻击性，因其尖尖的头部犹如梭子而得名。梭鱼的体长最长可以达 1.8 米！

梭鱼

梭鱼锋利的尖齿。

梭鱼群

梭鱼成群地在大海里游荡，常常会到珊瑚礁地带捕食。

皇家丝鲈

除了拥有锋利的牙齿，梭鱼还具有极快的游速，是许多生活在珊瑚礁地带的鱼类的天敌。

河鲀是一种身躯肥胖、行动缓慢的海洋鱼。

河鲀

虽然看上去呆头呆脑的，河鲀却拥有一项特殊的自卫本领。

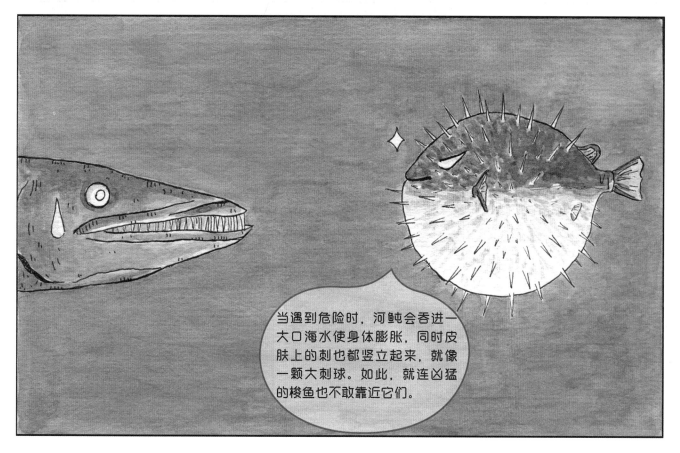

当遇到危险时，河鲀会吞进一大口海水使身体膨胀，同时皮肤上的刺也都竖立起来，就像一颗大刺球。如此，就连凶猛的梭鱼也不敢靠近它们。

石头鱼

石头鱼因斑驳的外表酷似石头而得名，它通过将自己伪装成石头来蒙蔽敌人。

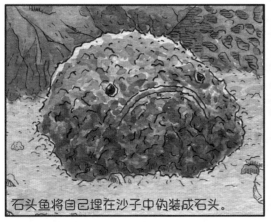

石头鱼将自己埋在沙子中伪装成石头。

静静等待猎物自己送上门来。

当猎物游到跟前，它便迅速将其一口吞下。

然后继续等待新的猎物送上门。

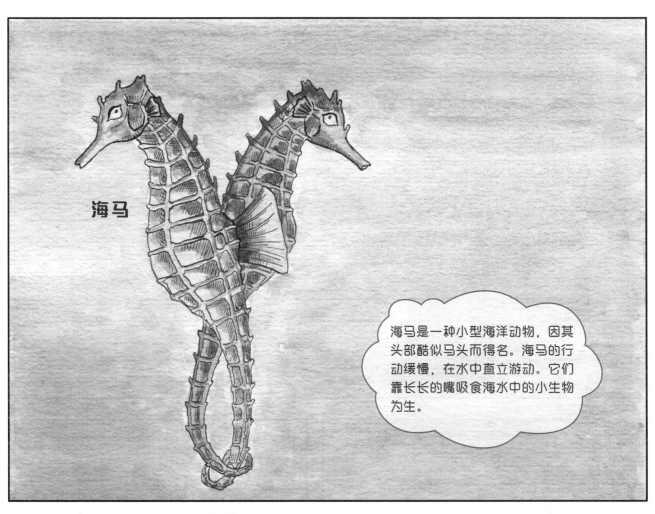

海马

海马是一种小型海洋动物，因其头部酷似马头而得名。海马的行动缓慢，在水中直立游动。它们靠长长的嘴吸食海水中的小生物为生。

由于体重很轻，海马常常要把尾巴缠在海藻上，以免被激流冲走。

有趣的是，海马的"怀孕"和"分娩"都是由雄性海马来完成的。

"分娩"中的雄性海马。

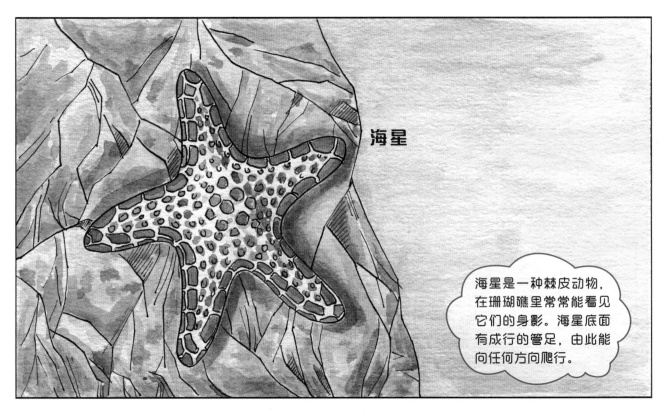

海星

海星是一种棘皮动物，在珊瑚礁里常常能看见它们的身影。海星底面有成行的管足，由此能向任何方向爬行。

海星拥有"分身术"。若把海星撕成两块抛入海中，用不了多久，每一块都会重新长出失去的部分。

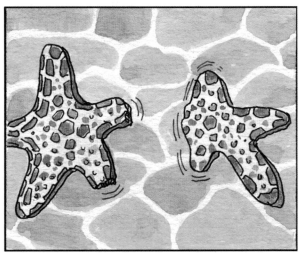

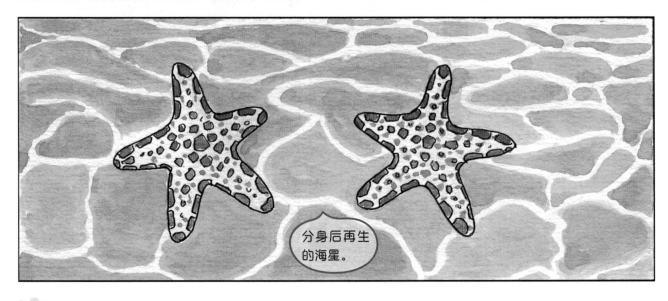

分身后再生的海星。

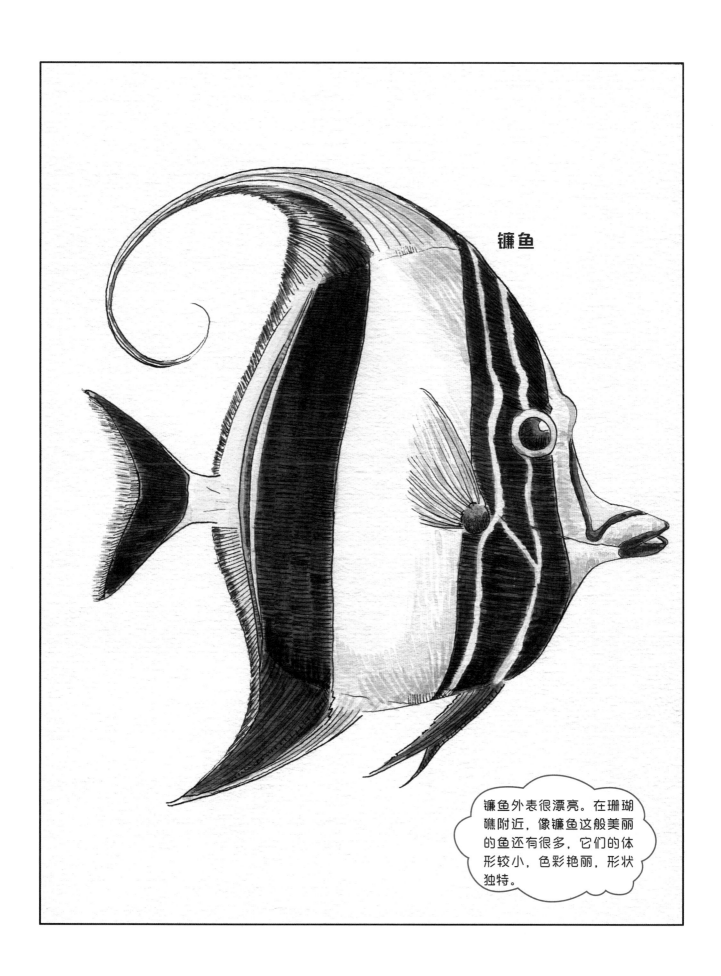

镰鱼

镰鱼外表很漂亮。在珊瑚礁附近,像镰鱼这般美丽的鱼还有很多,它们的体形较小,色彩艳丽,形状独特。

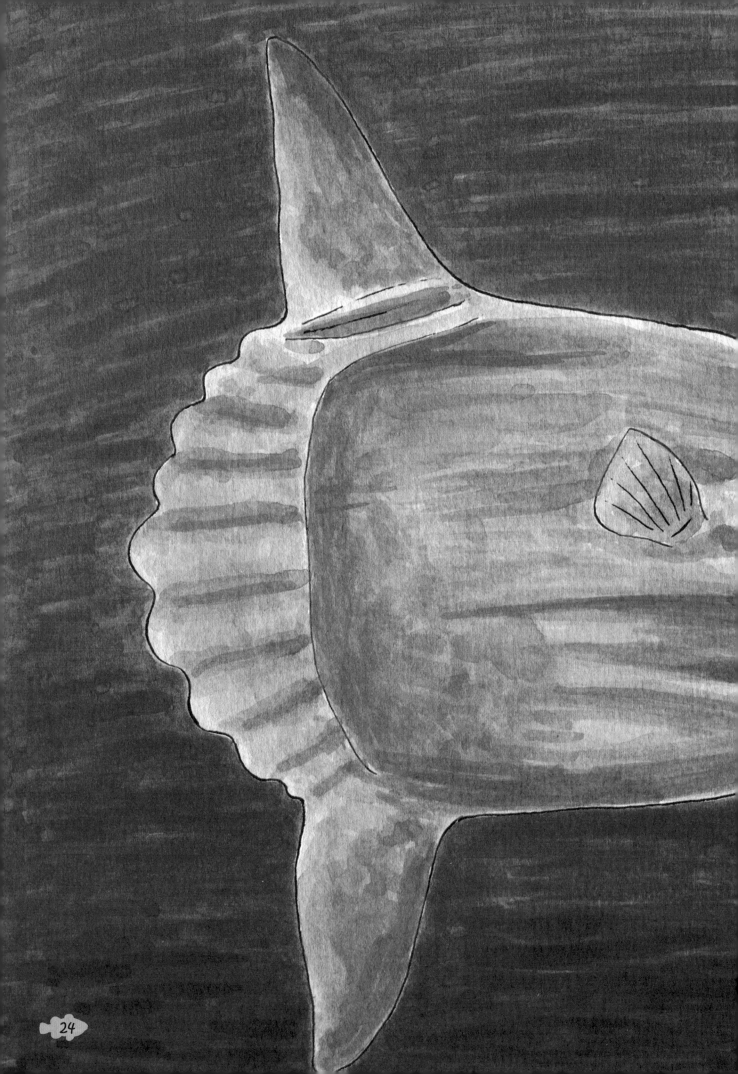

翻车鱼

　　翻车鱼（学名：翻车鲀）是一种外形古怪的巨型海洋鱼，有的人叫它"游泳的头"，因为它看上去就像一颗在海里游着的大头。翻车鱼的体长可达4米，体重能超过2吨。

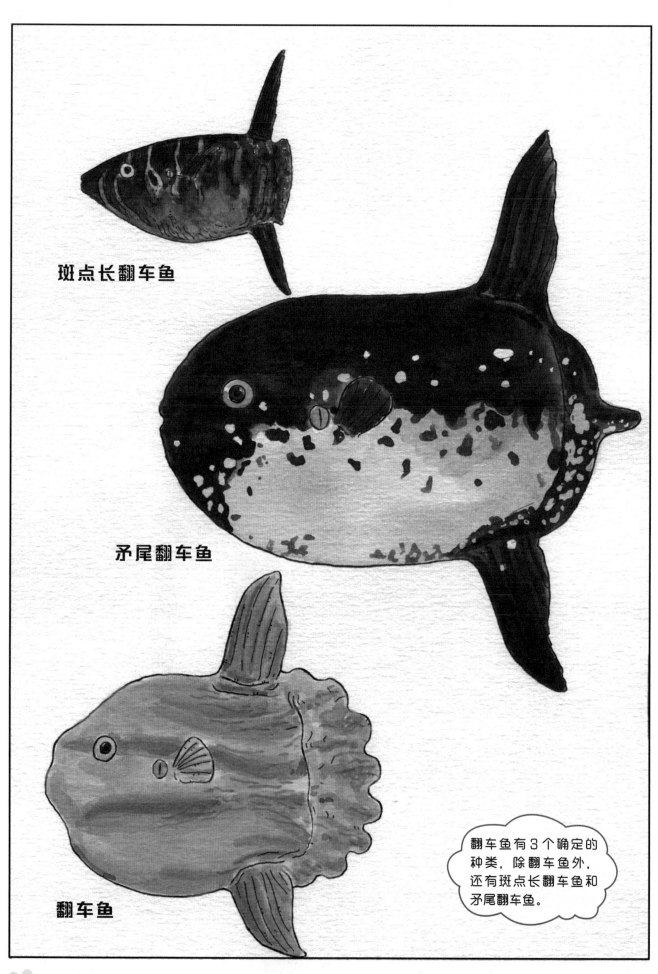

斑点长翻车鱼

矛尾翻车鱼

翻车鱼

翻车鱼有3个确定的种类,除翻车鱼外,还有斑点长翻车鱼和矛尾翻车鱼。

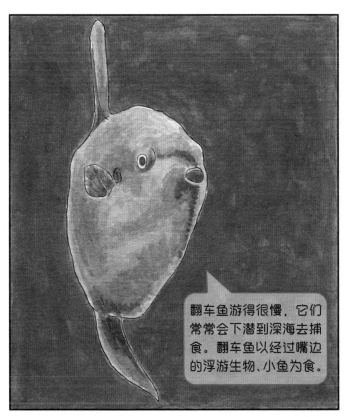

翻车鱼游得很慢，它们常常会下潜到深海去捕食。翻车鱼以经过嘴边的浮游生物、小鱼为食。

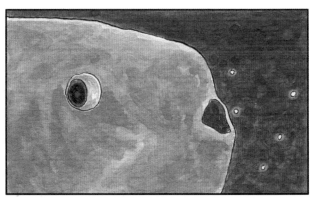

正在进食浮游生物的翻车鱼。

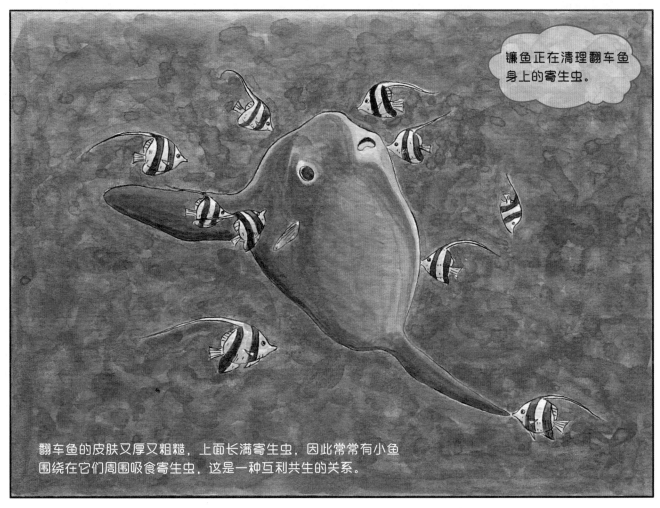

镰鱼正在清理翻车鱼身上的寄生虫。

翻车鱼的皮肤又厚又粗糙，上面长满寄生虫，因此常常有小鱼围绕在它们周围吸食寄生虫，这是一种互利共生的关系。

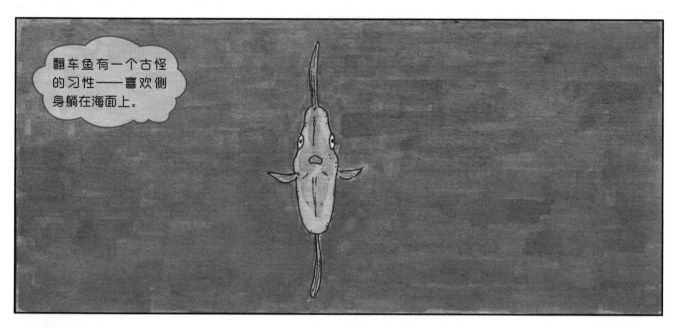

翻车鱼有一个古怪的习性——喜欢侧身躺在海面上。

没必要告诉你。

翻车鱼，你这是在干啥？

不过没人清楚翻车鱼为什么喜欢这样做。

人们猜测翻车鱼通过侧身晒太阳的方式来取暖和消化食物。也有人认为，翻车鱼是在请求海鸟来帮自己清理身上的寄生虫。

鲨鱼

海狮

翻车鱼虽然体形巨大，不过性情温和又动作笨拙，因而常常成为鲨鱼、海狮等大型食肉动物的攻击对象。

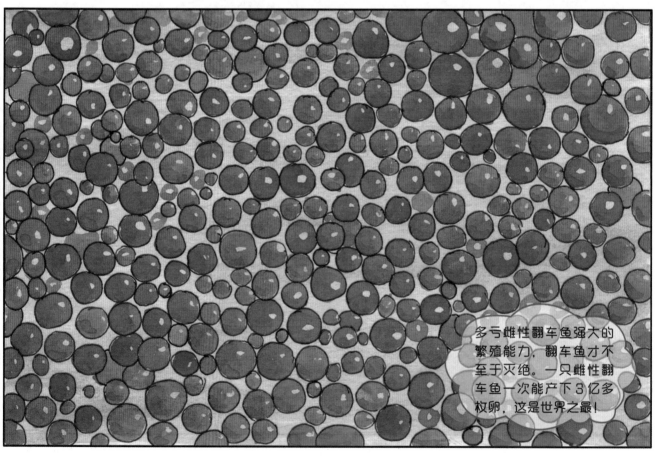

多亏雌性翻车鱼强大的繁殖能力，翻车鱼才不至于灭绝。一只雌性翻车鱼一次能产下3亿多枚卵，这是世界之最！

翻车鱼幼鱼

刚孵化出来的小翻车鱼大小仅有2毫米左右，身上长着棘刺，和长大后的模样很不一样。在成长为大鱼之前，它们是各种海洋动物的食物。在3亿只小翻车鱼中，只有少数的幸运儿能成长为海洋中的巨型翻车鱼。

飞鱼

飞鱼常常跃出水面。人们在海上航行时，常有机会看到成群的飞鱼掠过海面上空的壮观景象。

有时候，飞鱼在海上"飞行"时会撞上轮船。

撞落到甲板上的飞鱼，只是在拼命地挣扎翻滚，却不能重新起飞。

飞鱼

飞鱼拥有"翅膀"一般的
巨大胸鳍，然而这对"翅膀"
却无法使飞鱼随意起飞。

金枪鱼

在海洋里，弱小的飞鱼被许多大型鱼类竞相捕食。为了生存，飞鱼进化出了独特的"飞行"技能。

一旦遇到大型鱼类的追捕，飞鱼便跃出水面，张开胸鳍"飞行"，躲避危险。

破水而出的刹那，飞鱼立即张开又长又宽的胸鳍。

其实，飞鱼的飞行只是一种短暂的滑翔。飞鱼在出水之前，先在水面下调整角度快速游动，胸鳍紧贴在身体的两侧。

借着风力，飞鱼能在离水面 4～5 米的空中飞行 200～400 米。整个飞行的过程，飞鱼的"翅膀"并不扇动。

当飞鱼下降时，如果需要继续飞行，它会在身体接触水面时，用尾部拍打海水，以此增加助力，重新起飞。

海龟

海龟是地球上最古老的动物之一，它们原本生活在陆地上，后来为了躲避天敌而搬到海洋里。海龟非常长寿，其寿命可超过 100 岁。

海龟主要以海草为食。海水中含有大量的盐分,海龟以"流泪"的方式将食入体内的盐排出体外。

正在排盐的海龟。

海龟依靠前肢的上下摆动来前行,后肢用来掌控方向。

正在接受"龟壳清理服务"的海龟。

海龟最独特的地方就是那坚硬的龟壳,龟壳可以保护海龟不受伤害。

海龟无法将四肢缩进龟壳里。这是海龟和陆龟之间的差别。

海龟

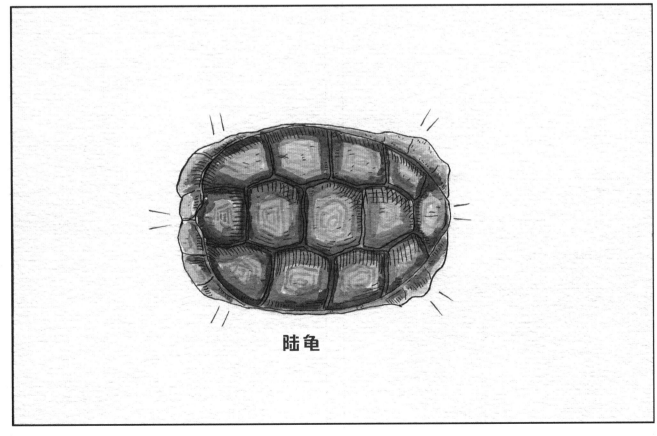

陆龟

海龟是用肺呼吸
的，所以每隔一
段时间要将头伸
出水面换气。

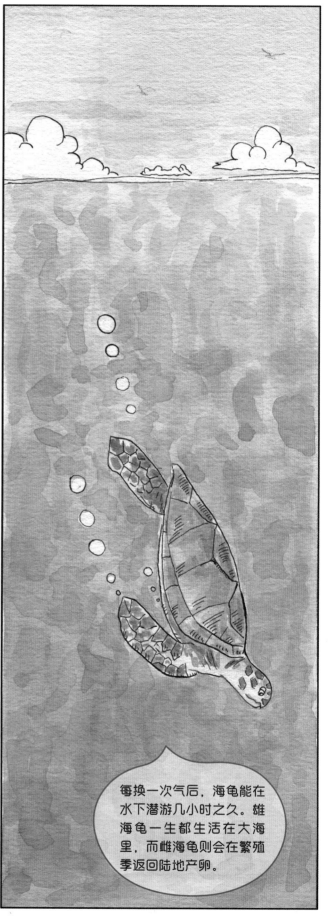

每换一次气后，海龟能在
水下潜游几小时之久。雄
海龟一生都生活在大海
里，而雌海龟则会在繁殖
季返回陆地产卵。

在繁殖季节的深夜里，成年雌海龟从海底慢慢地爬上岸。

它们在找到一处合适的沙地后便开始挖沙筑巢。

然后将卵一枚一枚地产在巢穴里。

在巢穴上面盖上沙子后，它们会重新回到大海里。

43

阳光照耀下的沙滩为海龟蛋的孵化提供了合适的温度。

大约50天后，海龟宝宝在地下诞生，它们要花上3天的时间才能钻出沙地。

钻出沙地后，小海龟会立刻奔向大海，那里才是它们的家。

橄榄绿鳞龟

丽龟

世界上现存 7 种海龟，体形最小的橄榄绿鳞龟有 0.75 米长。目前这 7 种海龟都属于濒危物种。

玳瑁（dài mào）

平背龟

绿海龟

蠵（xī）龟

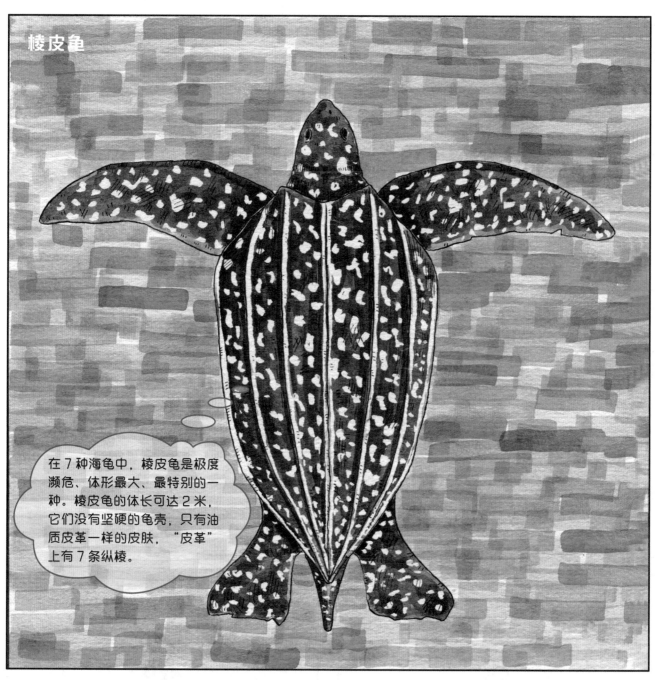

棱皮龟

在 7 种海龟中，棱皮龟是极度濒危、体形最大、最特别的一种。棱皮龟的体长可达 2 米，它们没有坚硬的龟壳，只有油质皮革一样的皮肤，"皮革"上有 7 条纵棱。

棱皮龟的身体呈黑色并点缀以白色斑点。

棱皮龟的嘴里长满锋利、尖锐的角质皮刺，用以捕食水母。

棱皮龟可持久而迅速地在海洋中游泳，它们能从热带海域一直游到冰冷的北极地区，找寻它们最喜爱的食物——水母。

水母

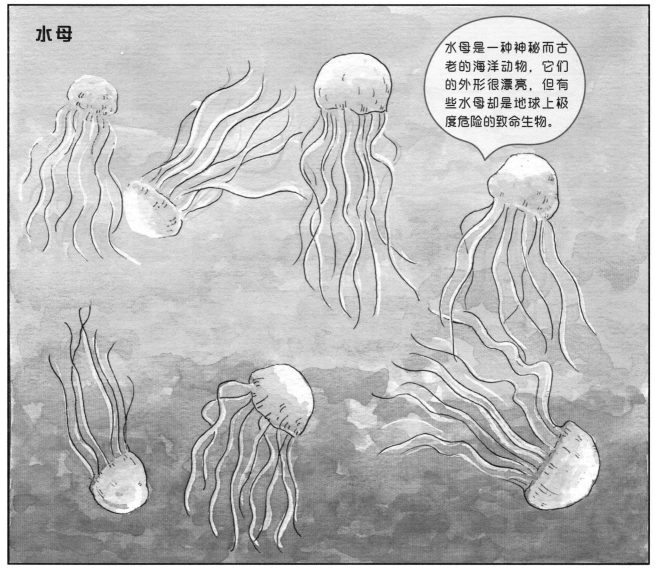

水母是一种神秘而古老的海洋动物，它们的外形很漂亮，但有些水母却是地球上极度危险的致命生物。

水母的触手带有剧毒，这是水母最致命的捕食利器。

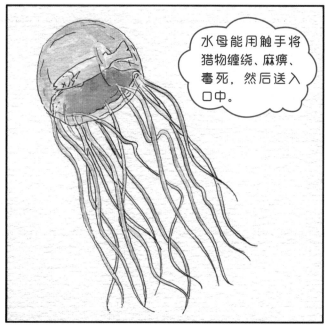

水母能用触手将猎物缠绕、麻痹、毒死，然后送入口中。

棱皮龟却不怕水母的触手，因为水母的毒刺根本无法刺透它们坚厚的皮肤。因此棱皮龟可以在水母群中自由穿梭，尽情享受水母美食盛宴。

正在捕食水母的棱皮龟。

金枪鱼

金枪鱼喜欢成群结队地在大海里旅行。它们流线型的身体粗壮圆滑，适于快速又持久地游泳。金枪鱼极具商业价值，是人类眼中的海中珍宝。

金枪鱼一生都在游泳，因为它们的鳃肌已退化，必须通过不停地游动，使新鲜水流流过鳃以获取氧气。所以金枪鱼需要不停地游动才能存活，即使到了晚上也不能停下来睡觉，只是降低了游速，以减少代谢。

金枪鱼群

嘿嘿，我刚从太平洋那边过来。

金枪鱼的旅行距离很远，它们能做跨洋环游，因此被称为"没有国界的鱼类"，行踪遍布全世界的海域。

呵呵，我刚从印度洋那边过来。

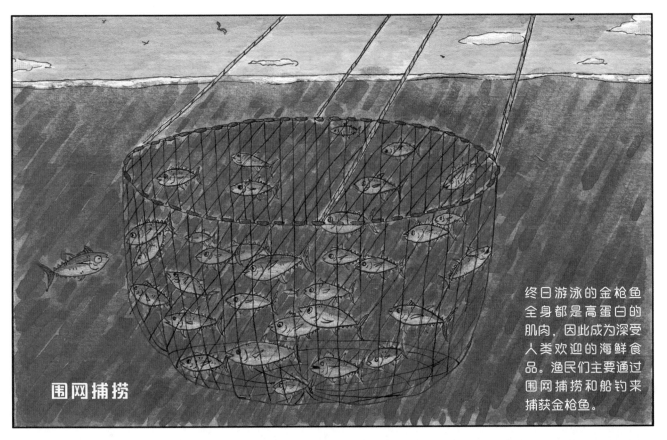

终日游泳的金枪鱼全身都是高蛋白的肌肉，因此成为深受人类欢迎的海鲜食品。渔民们主要通过围网捕捞和船钓来捕获金枪鱼。

围网捕捞

由于过度捕捞，金枪鱼的生存已深受威胁，其中一些已经是易危甚至濒危物种。

船钓

长鳍金枪鱼

黄鳍金枪鱼

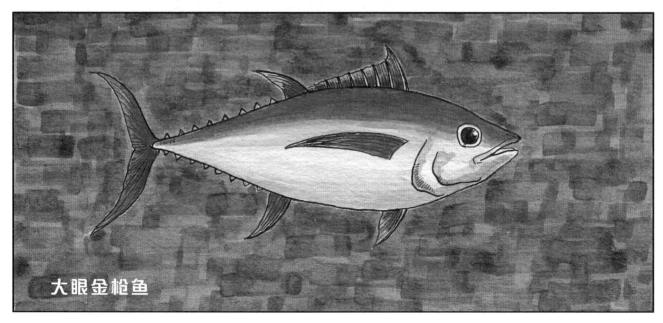

大眼金枪鱼

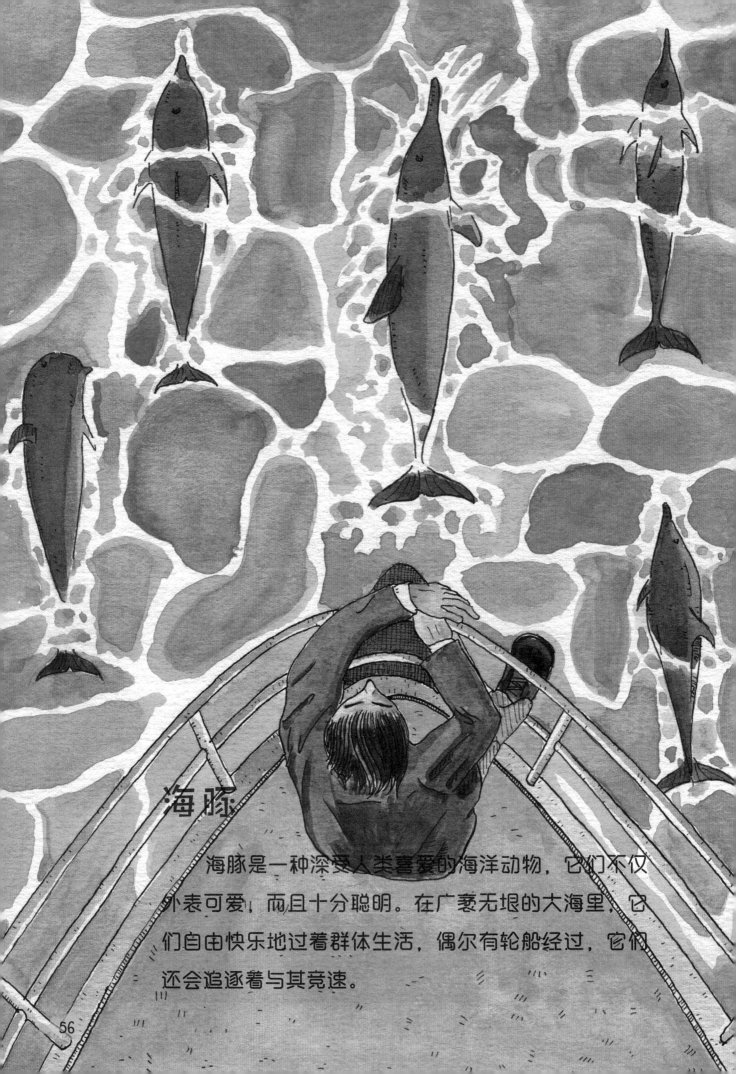

海豚

  海豚是一种深受人类喜爱的海洋动物，它们不仅外表可爱，而且十分聪明。在广袤无垠的大海里，它们自由快乐地过着群体生活，偶尔有轮船经过，它们还会追逐着与其竞速。

海豚的嘴角天然上扬,看上去无时无刻不在微笑。

海豚是哺乳动物,它们无法像鱼类那样在水下呼吸,必须不时地浮出水面,通过头顶上的呼吸孔换气。

无喙（huì）鼠海豚

花斑喙头海豚

白腰鼠海豚

短吻海豚

灰海豚

短喙海豚

点斑原海豚

真海豚

印度洋 – 太平洋
宽吻海豚

宽吻海豚

长喙海豚

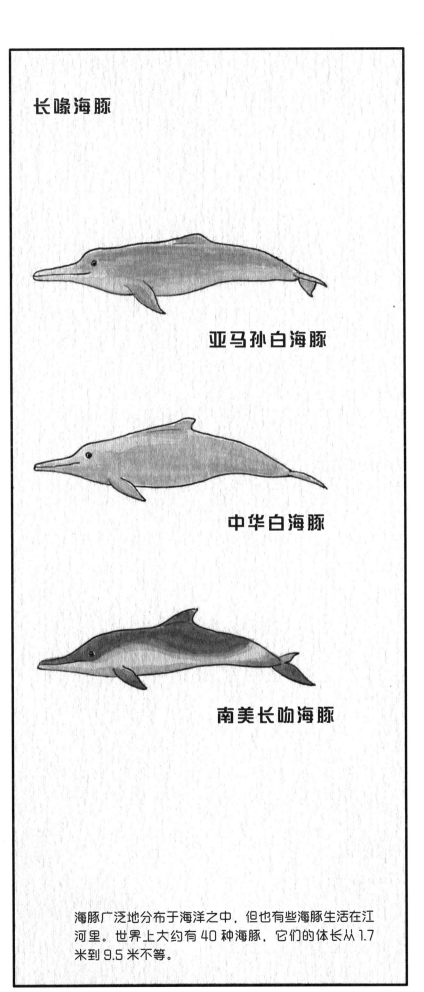

亚马孙白海豚

中华白海豚

南美长吻海豚

海豚广泛地分布于海洋之中，但也有些海豚生活在江河里。世界上大约有 40 种海豚，它们的体长从 1.7 米到 9.5 米不等。

从回声中我能知道，在我的前方有一只海龟、一条鲨鱼、两群小鱼、一只海星、一只螃蟹，还有一块岩石，感觉自己棒棒哒！

正在通过回声定位获取信息的海豚。

海豚是听觉动物，它们在其所处的环境中发出"咔嗒"的声音，然后倾听这些声音的回声，以此获得大量信息。

海豚每天要在大海里畅游 60 多千米，它们生活在一个大集体中，一起捕食、嬉戏。

海豚对人类非常友好，它们喜欢与人类亲近，还会保护人类。

曾经有一名冲浪爱好者在海边尽情冲浪。

冲浪者全然不知一条鲨鱼就潜游在他的下方。突然，鲨鱼向冲浪者发起了进攻！

千钧一发之际，一只海豚一跃而出，从侧面将鲨鱼顶开，化解了危机。

鲸

　　鲸是海洋中最大的动物，航海的人有时会看见几米高的水柱从海面喷出，这往往说明有鲸在那里。

北极露脊鲸
（学名：弓头鲸）

鲸是哺乳动物，它们用肺呼吸。在寒冷的地区，鲸依靠厚厚的脂肪来保持身体的温度。

成年鲸多是独居的，而刚出生的幼鲸会在母鲸身边待上一段时间，母鲸喂奶给小鲸吃，保护小鲸不受其他动物的攻击，教会小鲸各种生存技能。等小鲸有能力独自生存后，它们便会分开，各自独立生活。

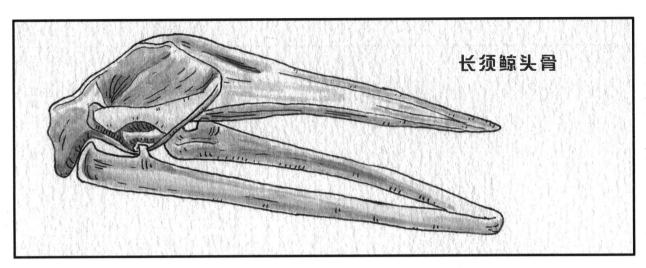

长须鲸头骨

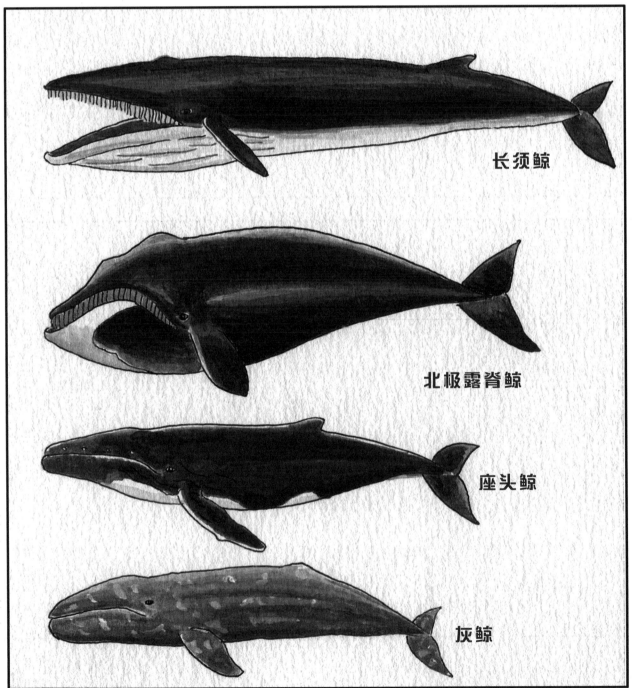

长须鲸

北极露脊鲸

座头鲸

灰鲸

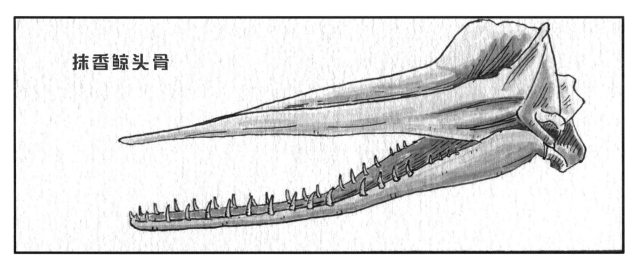

抹香鲸头骨

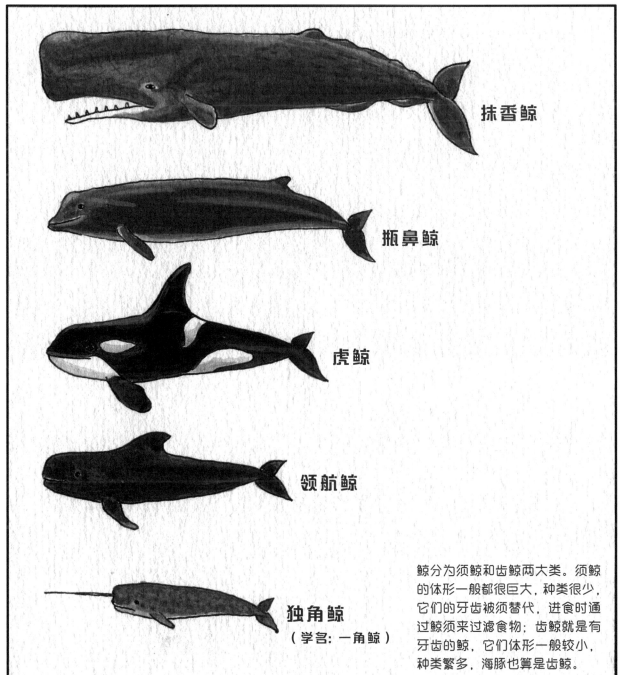

抹香鲸

瓶鼻鲸

虎鲸

领航鲸

独角鲸

（学名：一角鲸）

鲸分为须鲸和齿鲸两大类。须鲸的体形一般都很巨大，种类很少，它们的牙齿被须替代，进食时通过鲸须来过滤食物；齿鲸就是有牙齿的鲸，它们体形一般较小，种类繁多，海豚也算是齿鲸。

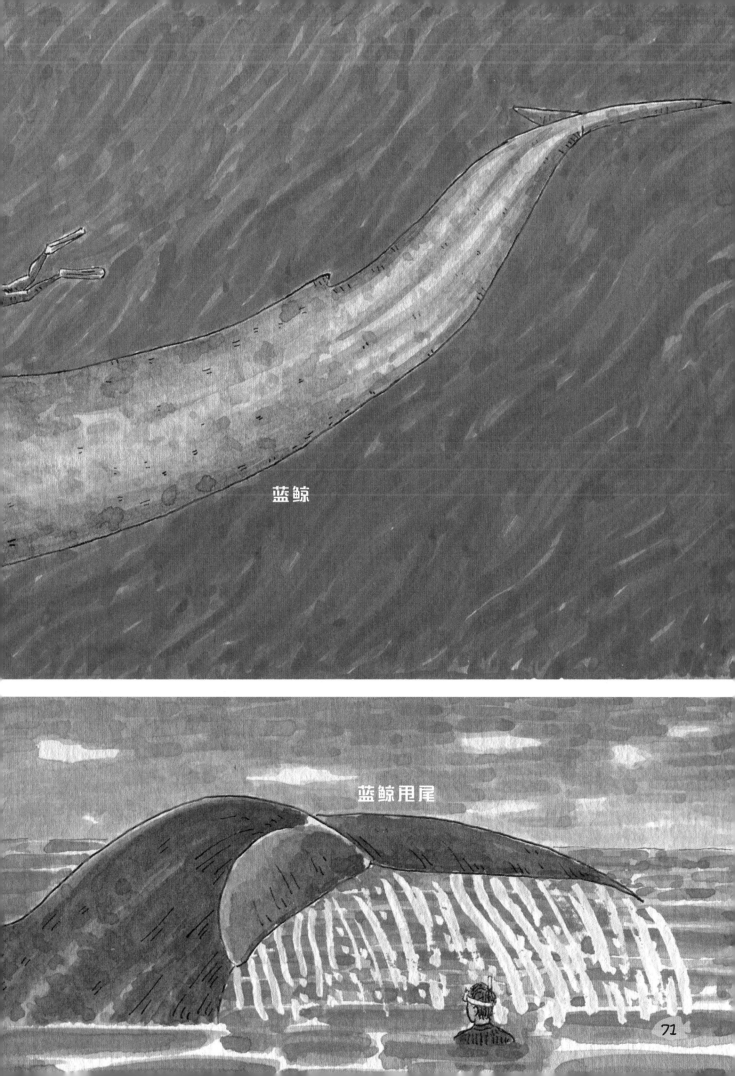

蓝鲸

蓝鲸甩尾

71

蓝鲸呼吸时喷出的水柱在所有鲸中是最高的，可达 10 米左右。

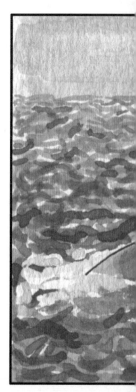

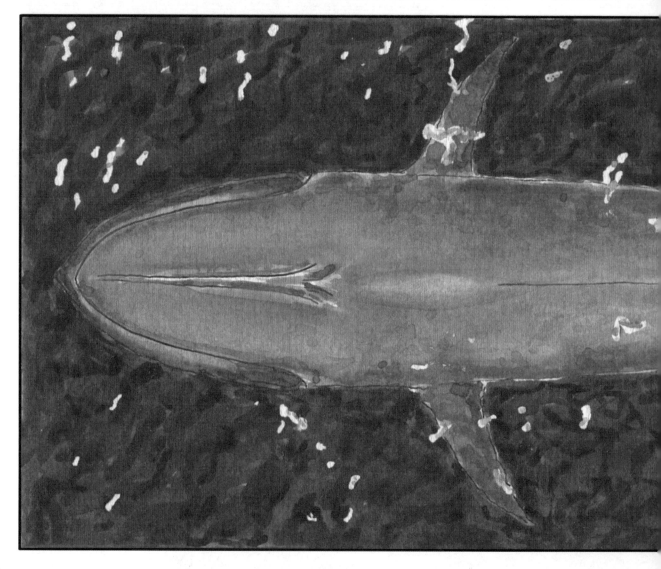

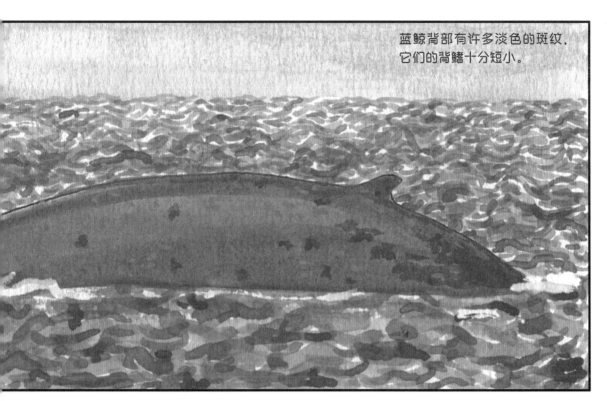

蓝鲸背部有许多淡色的斑纹，它们的背鳍十分短小。

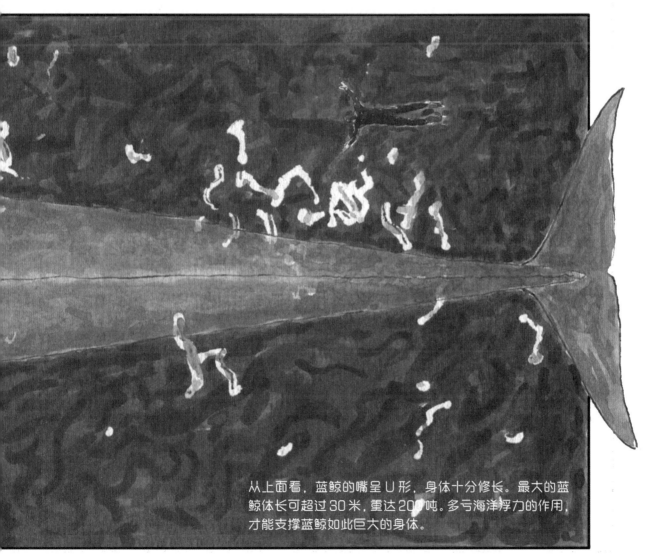

从上面看，蓝鲸的嘴呈 U 形，身体十分修长。最大的蓝鲸体长可超过 30 米，重达 200 吨。多亏海洋浮力的作用，才能支撑蓝鲸如此巨大的身体。

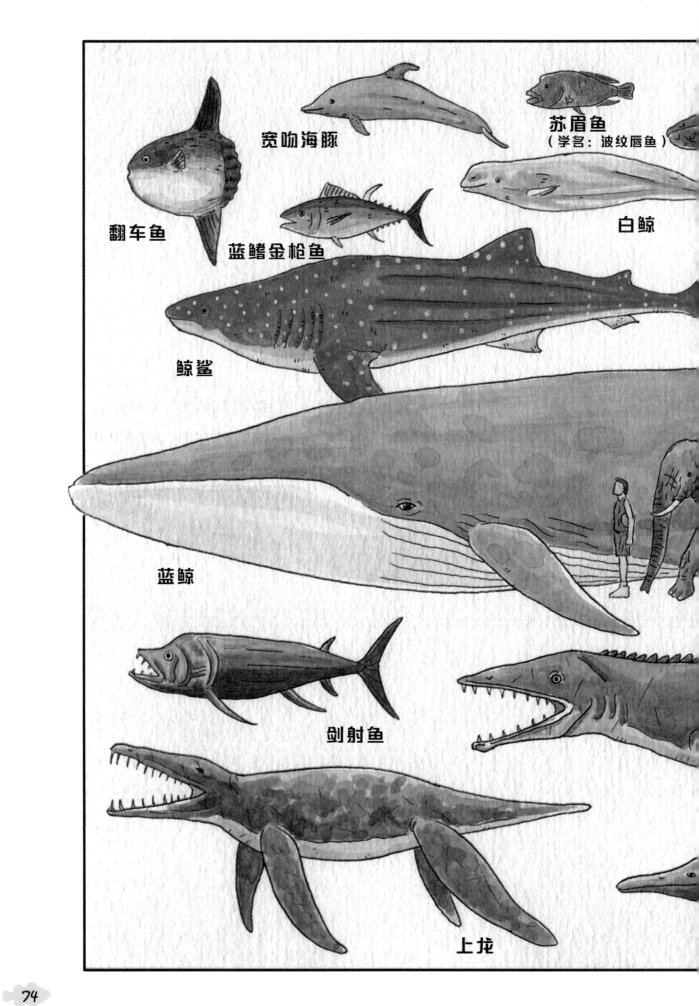

宽吻海豚

苏眉鱼
（学名：波纹唇鱼）

翻车鱼

蓝鳍金枪鱼

白鲸

鲸鲨

蓝鲸

剑射鱼

上龙

座头鲸

姥鲨

洲象　　　长颈鹿　　　三角龙　　　步氏巨猿

沧龙

杯椎鱼龙

包括史前生物在内，蓝鲸是目前已知的地球上出现过的最大生物。

地球上最大的生物却以极小的浮游生物——磷虾——为食。因为蓝鲸的食道很窄，它们无法吞食大型食物。

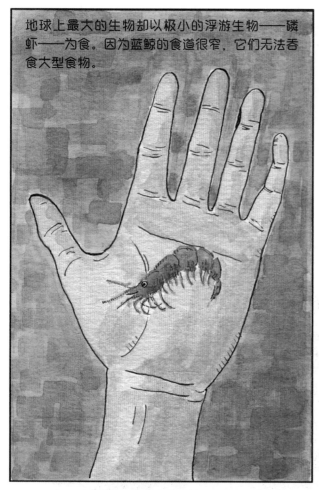

蓝鲸的食道

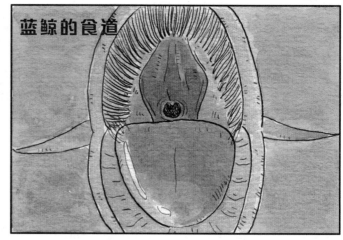

磷虾虽小，却是海洋中数量最多的动物之一。得益于如此丰富的食物资源，蓝鲸的体形才能如此巨大。

蓝鲸进食磷虾时，会张开大口，将海水和磷虾一并吞入口中。

蓝鲸的喉部有许多褶皱，这些褶皱会被海水撑开，使蓝鲸能吞进更多的海水和磷虾。

闭口后，蓝鲸抬起舌头，将海水由须间排出。蓝鲸的舌头非常巨大，质量与一头大象相当。

最后，蓝鲸再把留在嘴里的磷虾吞进肚子里。蓝鲸一天能吃掉2～5吨磷虾！

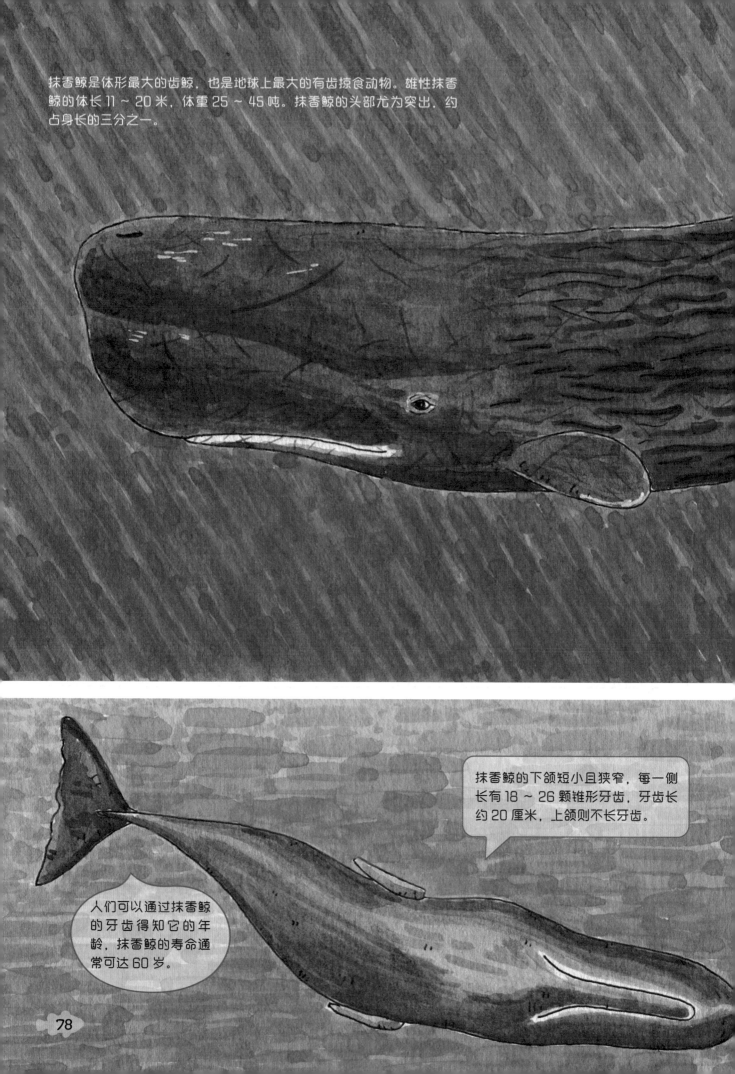

抹香鲸是体形最大的齿鲸，也是地球上最大的有齿掠食动物。雄性抹香鲸的体长11～20米，体重25～45吨。抹香鲸的头部尤为突出，约占身长的三分之一。

抹香鲸的下颌短小且狭窄，每一侧长有18～26颗锥形牙齿，牙齿长约20厘米，上颌则不长牙齿。

人们可以通过抹香鲸的牙齿得知它的年龄，抹香鲸的寿命通常可达60岁。

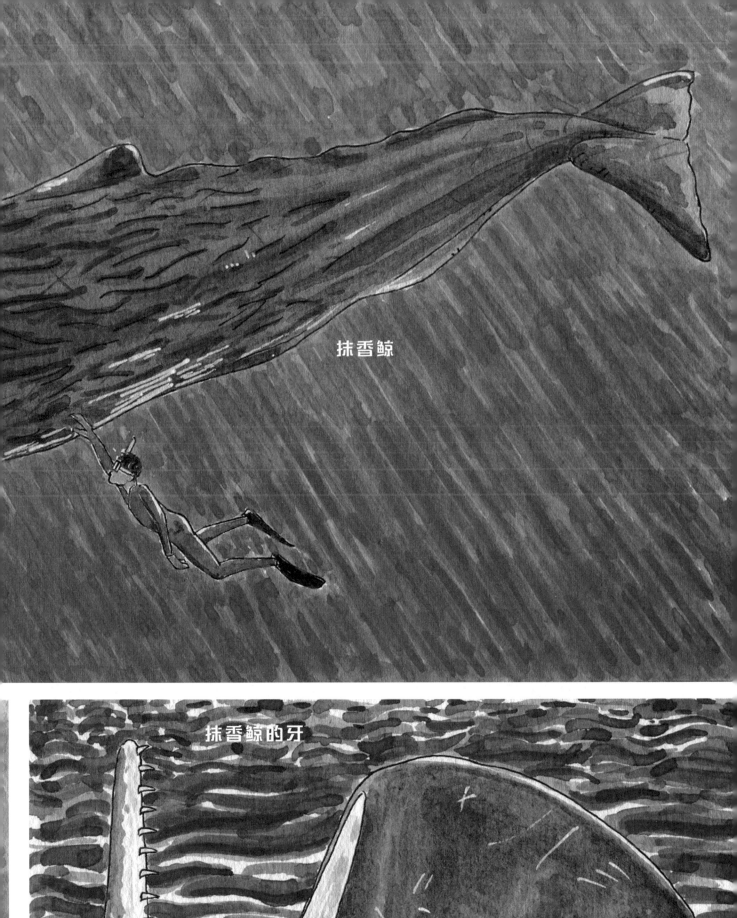

抹香鲸

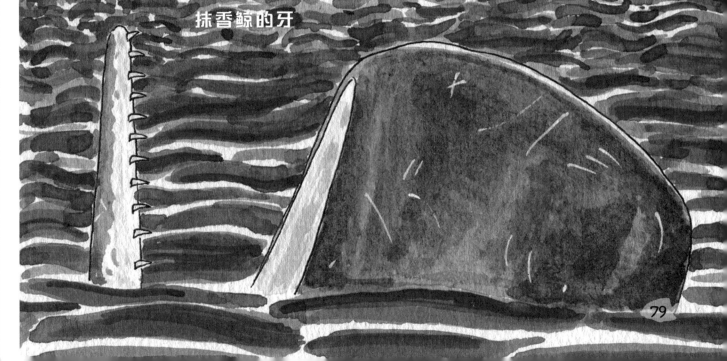

抹香鲸的牙

抹香鲸身体中后段的皮肤有凸起的纹路，背鳍和尾巴之间有许多隆起的"驼峰"。

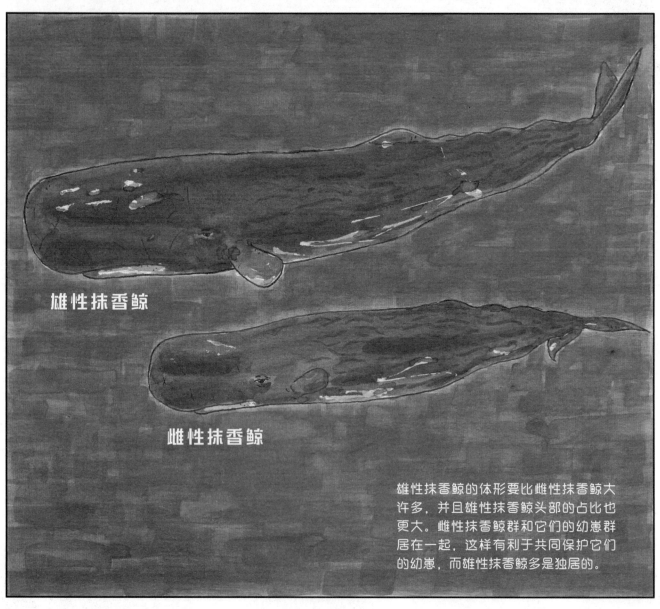

雄性抹香鲸

雌性抹香鲸

雄性抹香鲸的体形要比雌性抹香鲸大许多，并且雄性抹香鲸头部的占比也更大。雌性抹香鲸群和它们的幼崽群居在一起，这样有利于共同保护它们的幼崽，而雄性抹香鲸多是独居的。

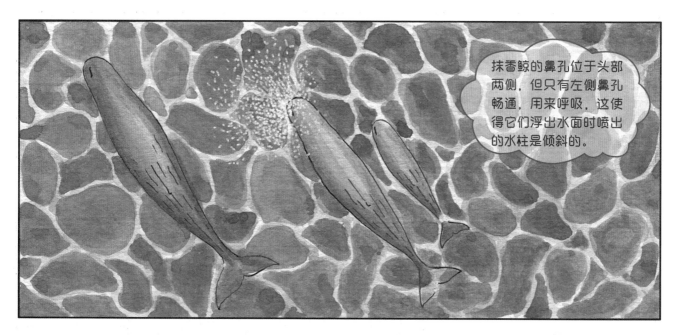

抹香鲸的鼻孔位于头部两侧，但只有左侧鼻孔畅通，用来呼吸，这使得它们浮出水面时喷出的水柱是倾斜的。

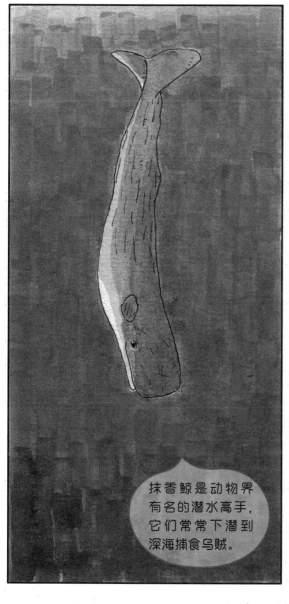

抹香鲸是动物界有名的潜水高手，它们常常下潜到深海捕食乌贼。

大王乌贼

不过在深海生活着一种巨型乌贼——大王乌贼。大王乌贼和抹香鲸是势均力敌的对手。

抹香鲸在下潜前先大口地呼吸空气。

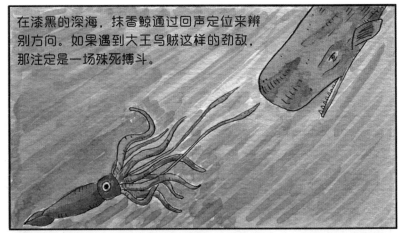

在漆黑的深海，抹香鲸通过回声定位来辨别方向。如果遇到大王乌贼这样的劲敌，那注定是一场殊死搏斗。

然后弯曲身体，使头部朝下。

当身体几乎与水面垂直时，便开始下潜。

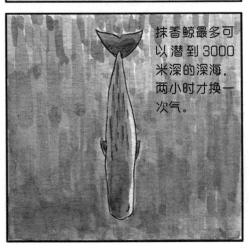

抹香鲸最多可以潜到3000米深的深海，两小时才换一次气。

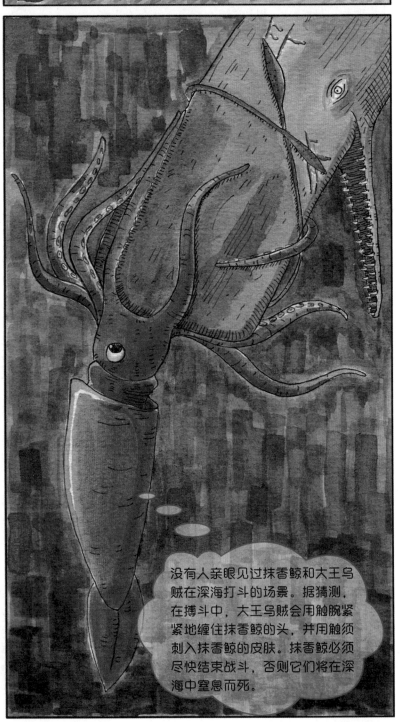

没有人亲眼见过抹香鲸和大王乌贼在深海打斗的场景。据猜测，在搏斗中，大王乌贼会用触腕紧紧地缠住抹香鲸的头，并用触须刺入抹香鲸的皮肤。抹香鲸必须尽快结束战斗，否则它们将在深海中窒息而死。

通常情况都是抹香鲸获得最后的胜利，因为人类曾经在抹香鲸的胃里发现了还未被消化的大王乌贼残骸。

不过抹香鲸也付出了沉重的代价，大王乌贼在它们的头上留下了无数的伤痕。

座头鲸是一种须鲸，它们体形圆胖，背部弓成一条曲线，体长 12 ～ 16 米，体重 25 ～ 30 吨，雌性比雄性大。座头鲸的胸鳍十分巨大，最长可达 5 米，是所有鲸类中最大的。

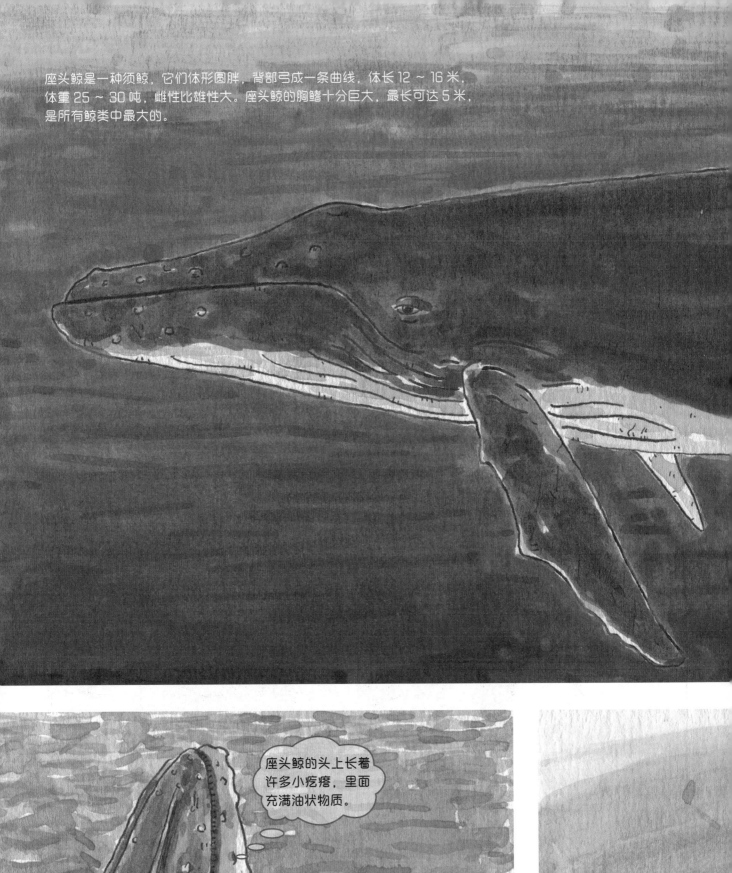

座头鲸的头上长着许多小疙瘩，里面充满油状物质。

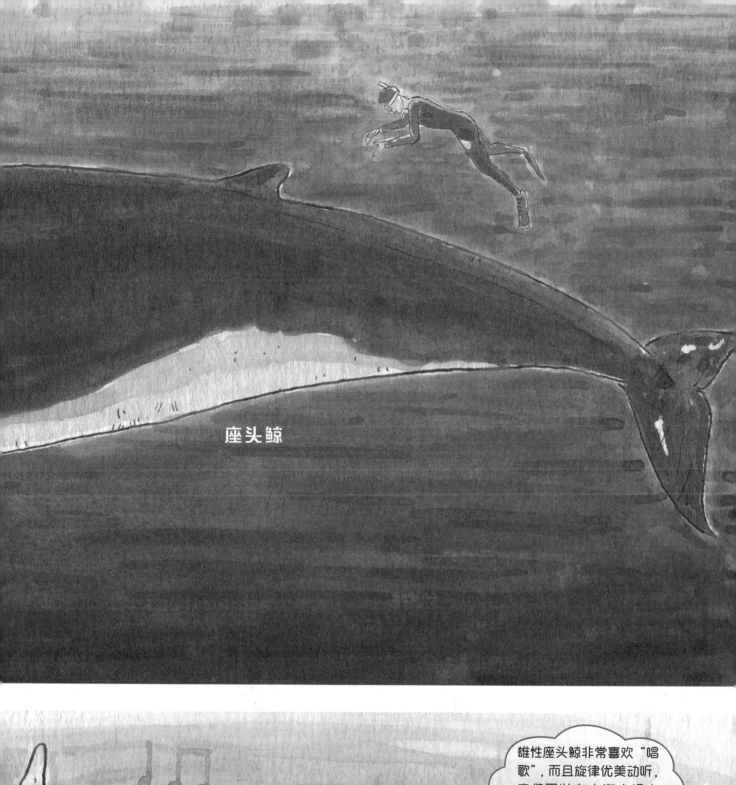

座头鲸

雄性座头鲸非常喜欢"唱歌",而且旋律优美动听,它们可以在大海中唱上一整天。目前人们尚不清楚它们唱歌的目的。

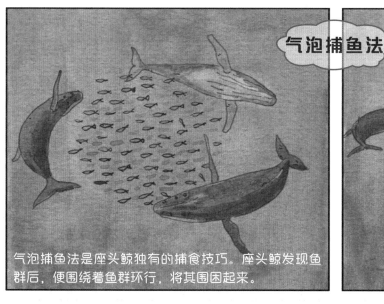

气泡捕鱼法

气泡捕鱼法是座头鲸独有的捕食技巧。座头鲸发现鱼群后，便围绕着鱼群环行，将其围困起来。

然后，有一头座头鲸会游到鱼群的下方，利用巨大的吼叫声将鱼群往水面上驱赶。

接着，座头鲸利用鼻孔不断地围绕着鱼群吹出气泡，气泡形成水幕，将鱼群包围起来。

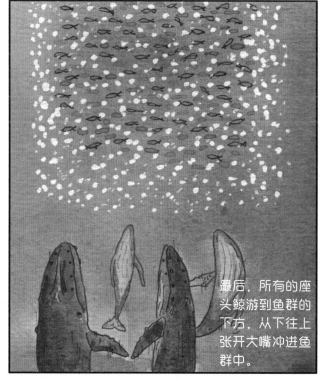

最后，所有的座头鲸游到鱼群的下方，从下往上张开大嘴冲进鱼群中。

集体冲出水面的座头鲸

除了捕食时会冲出水面，座头鲸还常常高高跃出水面，然后重重地落下，致使水花四溅。有人认为座头鲸通过跳跃击打海水的方式来除去身上的寄生虫。

也有人认为这是雄性座头鲸之间为争夺配偶而展开的一场较量，跳得越高就越能博得异性的青睐。

走吧。

你的跳跃能力好强啊！我要给你生宝宝！

我真是生不逢时啊……

跃出水面
的座头鲸。

虎鲸

虎鲸是一种齿鲸，也可以说是一种体形最大的海豚（属于海豚科）。它们像鲸一样巨大，也十分聪明。在海洋中，虎鲸没有天敌，是海洋中最顶尖的掠食动物。

虎鲸的身体表面光滑，呈黑白两色。雄鲸的体形比雌鲸大，雄鲸的体长可达9米，重达9吨。除此之外，雄鲸还拥有直立的背鳍，最高可达1.8米。

雄虎鲸

雌虎鲸

虎鲸的牙齿

虎鲸以家族为单位生活在一起，各种捕食技巧和生存技能代代相传。

虎鲸的猎食范围很广，因为它们是捕食高手。虎鲸可以冲上海岸捕食岸上的动物。

虎鲸也能跃出水面捕食飞行的海鸟。

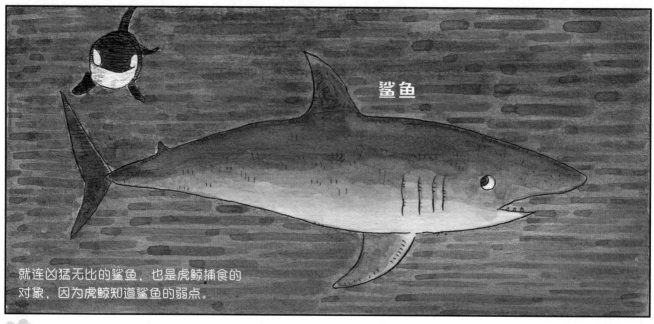

鲨鱼

就连凶猛无比的鲨鱼，也是虎鲸捕食的对象，因为虎鲸知道鲨鱼的弱点。

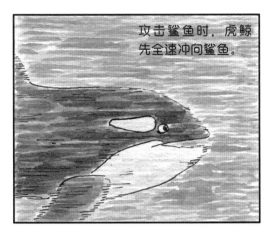

攻击鲨鱼时，虎鲸
先全速冲向鲨鱼。

然后用头部猛地
撞击鲨鱼的侧面。

鲨鱼被撞晕后，虎鲸立刻用嘴叼
住鲨鱼并将其翻转过来，被翻转
后的鲨鱼像丢了"魂"一样一动
不动。原来，虎鲸从长辈那里学
到了鲨鱼被翻转倒置就会失去意
识的知识，并且它们也会把这个
知识传授给后代。

虎鲸甚至会集体围攻
其他大型鲸类，不过，
处于哺乳期的幼鲸是
它们主要的攻击对象。

虎鲸围攻灰鲸

搁浅

鲸如果在大海中迷失了方向，就可能会搁浅在海滩上。

搁浅的抹香鲸

人们目前还不清楚鲸迷路的原因，可能是海底噪声扰乱了鲸的回声定位系统，也可能是鲸自己生病了。如果负责带路的鲸迷失了方向，那么整个鲸群都会搁浅。

涨潮时，迷路的鲸群进入浅滩，由于地形的原因，在退潮时，它们找不到返回的路，鲸群就这样搁浅了。

搁浅后的鲸很快会因为脱水和自身体重导致的呼吸困难而死亡。

海洋三剑客

　　剑鱼、枪鱼和旗鱼都拥有流线型的躯体和突出的长嘴，它们被称为"海洋三剑客"。它们是海洋中凶猛的大型掠食者，常常从海洋中一跃而起。巨大尖锐的长嘴，如同一把锋利的长剑，是它们的特殊武器。

剑鱼

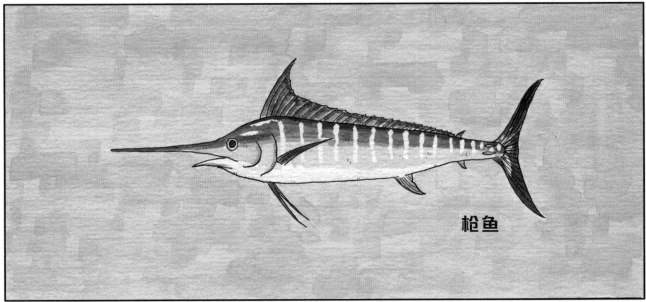

枪鱼

旗鱼

大西洋蓝枪鱼（也叫大马林鱼）是其中体形最大的一个品种，其长度可超过 5 米。许多垂钓者以能钓到巨型枪鱼为傲。不过钓枪鱼是件十分危险的事，因为它们的游速很快，常常会跃出水面误伤垂钓者。

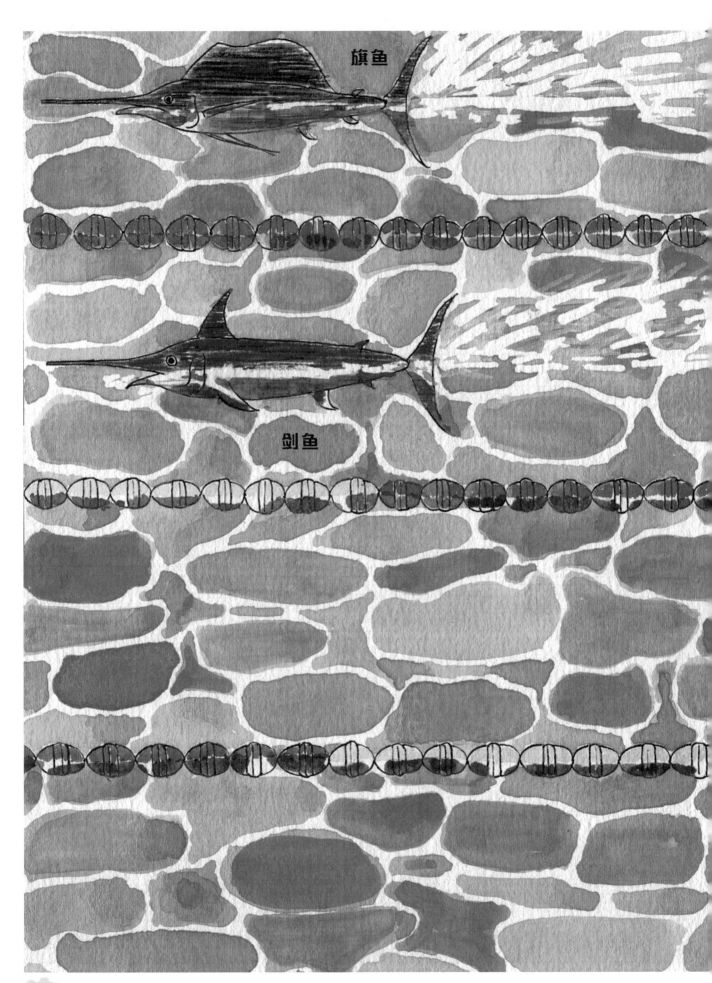

旗鱼

剑鱼

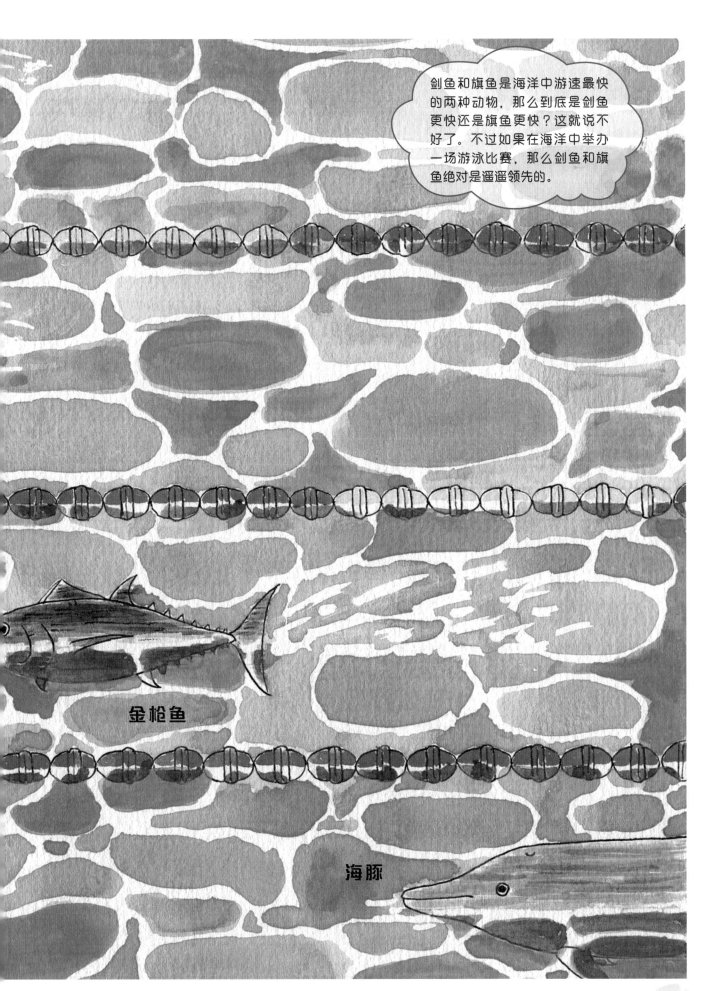

剑鱼和旗鱼是海洋中游速最快的两种动物，那么到底是剑鱼更快还是旗鱼更快？这就说不好了。不过如果在海洋中举办一场游泳比赛，那么剑鱼和旗鱼绝对是遥遥领先的。

金枪鱼

海豚

沙丁鱼是一种小型海洋鱼，它们是群居动物，在一个大的集体中生活，以此建立防御机制。

沙丁鱼群

十几条旗鱼正准备围攻一群团成球状的沙丁鱼。

旗鱼在进攻时会利用自己极快的瞬间爆发速度冲向鱼群，打乱鱼群，使一部分鱼脱离群体。它们锋利的"长剑"会打晕或刺穿一些鱼。

正在攻击沙丁鱼的旗鱼。

剑鱼攻击船只

在海上，常常会有剑鱼攻击船只的事情发生。有时船会被
戳出一个大洞，有时剑鱼的"利剑"会在撞到船只上后被
折断。剑鱼为什么攻击船只，人们对此众说纷纭。

有的人认为，剑鱼在水中的游速太快，由于来不及避让而撞上了船只。

有的人认为，剑鱼误把船只当成鲸了，因为剑鱼有攻击鲸的习性。

也有人认为，是因为船只发出的噪声惹怒了剑鱼，才迫使剑鱼对船只发起进攻！

鲨鱼

鲨鱼是海洋中最凶残的鱼类，这些嗜血成性的冷血杀手已经在大海中徘徊了超过 4 亿年，如今人类正在影响它们的命运。

鲸鲨

姥鲨

大白鲨
（学名：噬人鲨）

双髻（jì）鲨

海洋中有300多种鲨鱼，它们的外形千差万别，习性和行为也千奇百怪。最小的鲨鱼仅有十几厘米长，最大的鲨鱼长达12米。

白边真鲨

格陵兰睡鲨

虎鲨
（学名：鼬鲨）

锯鲨

白斑角鲨

大白鲨

有些鲨鱼是捕食高手，它们以海洋哺乳类、鱼类、海龟、螃蟹等海洋动物为食。

姥鲨

有些体形较大的鲨鱼像须鲸一样，专以小鱼小虾等小型海洋动物为食。

格陵兰睡鲨分食鲸的尸体。

也有些鲨鱼专以腐肉为食。

大白鲨被称为海洋中的杀戮机器，是最为凶猛的一种鲨鱼。大白鲨拥有令人恐惧的力量和无与伦比的身体构造，是海洋中最危险的掠食动物之一。

大白鲨

大白鲨是一种大型食肉鱼类，雌性大白鲨的体长超过6米，重达2吨多。

大白鲨常常在沿海地区出现，是攻击人类次数最多的鲨鱼，因此有人称其为"食人鲨"。

大白鲨拥有一张可怕的血盆大口，其巨大的咬合力和锋利的牙齿可以撕碎任何猎物。

当大白鲨对猎物发起进攻时，它的颌可以猛然向前伸出，让嘴尽可能地张大，然后狠狠地一口咬住猎物。

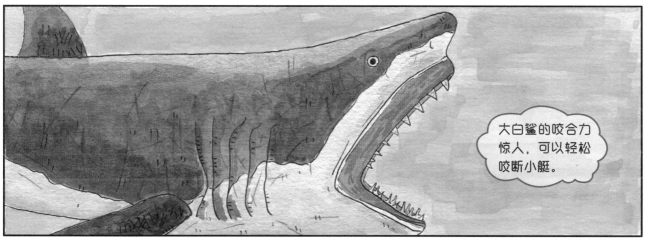

大白鲨的咬合力惊人，可以轻松咬断小艇。

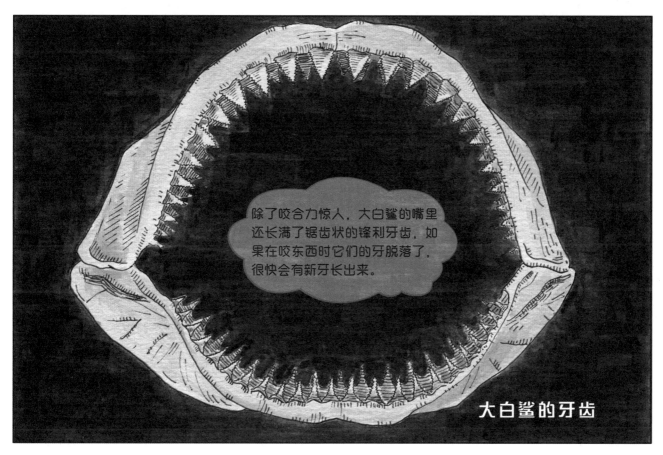

除了咬合力惊人，大白鲨的嘴里还长满了锯齿状的锋利牙齿，如果在咬东西时它们的牙脱落了，很快会有新牙长出来。

大白鲨的牙齿

除了厉害的大嘴，大白鲨还具有异常敏锐的嗅觉，它们可以在很远的地方就嗅到血腥味。海洋中的动物一旦受伤，往往会引来大白鲨的攻击。

大白鲨还具有低光视觉，能在昏暗的环境中捕猎，而且大白鲨是唯一能把头直立于水面之上窥探四周的鱼类。

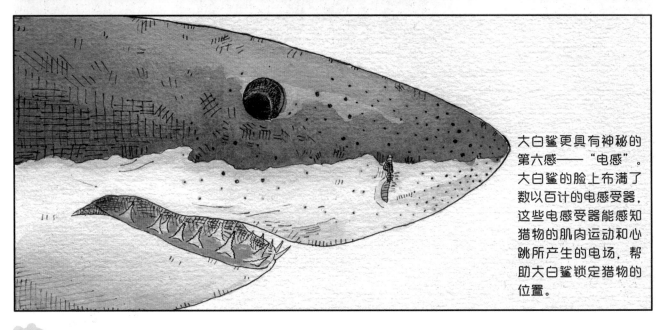

大白鲨更具有神秘的第六感——"电感"。大白鲨的脸上布满了数以百计的电感受器，这些电感受器能感知猎物的肌肉运动和心跳所产生的电场，帮助大白鲨锁定猎物的位置。

大白鲨是伏击型猎手，经常从猎物后面或下方发动攻击。成年后的大白鲨最喜欢吃海豹、海狮等脂肪含量高的哺乳动物。

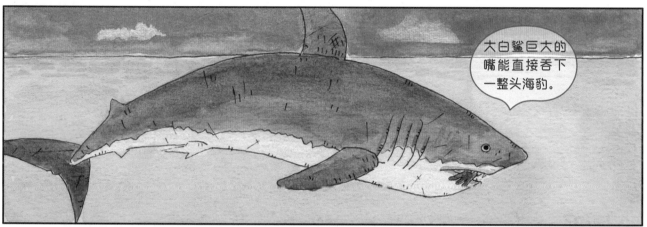

大白鲨巨大的嘴能直接吞下一整头海豹。

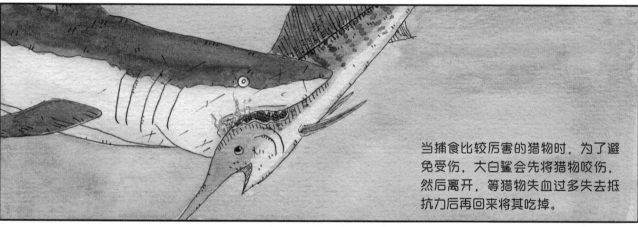

当捕食比较厉害的猎物时，为了避免受伤，大白鲨会先将猎物咬伤，然后离开，等猎物失血过多失去抵抗力后再回来将其吃掉。

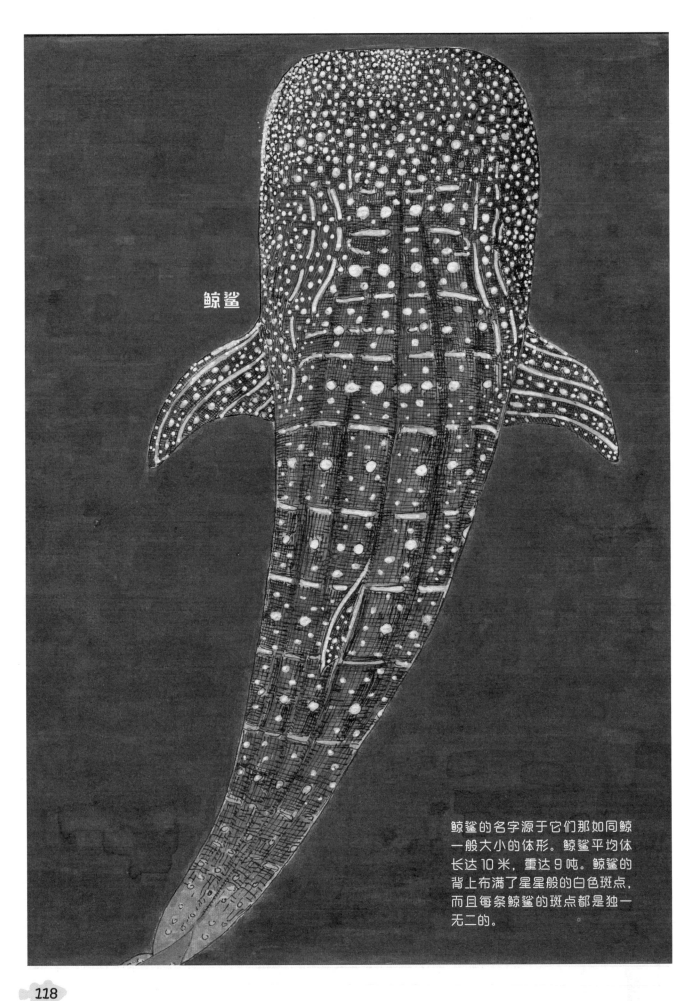

鲸鲨

鲸鲨的名字源于它们那如同鲸一般大小的体形。鲸鲨平均体长达10米，重达9吨。鲸鲨的背上布满了星星般的白色斑点，而且每条鲸鲨的斑点都是独一无二的。

鲸鲨的性情十分温和，它们游速缓慢，潜水员可以尽情地与它们一同游泳。

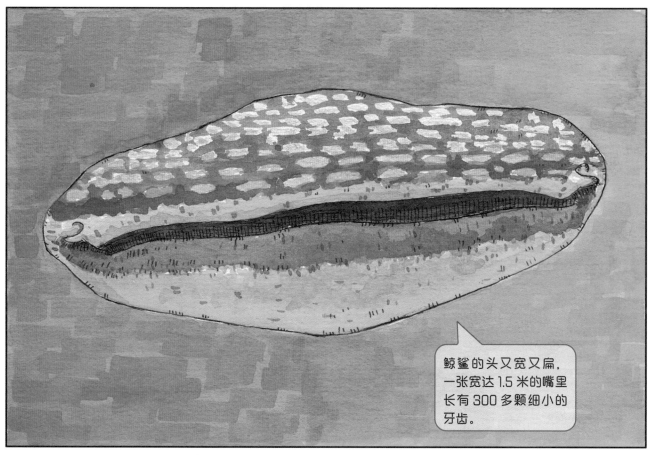

鲸鲨的头又宽又扁，一张宽达 1.5 米的嘴里长有 300 多颗细小的牙齿。

鲸鲨以小型生物为食，对大型鱼类没有兴趣。

鲸鲨进食时会张开大口，将海水和食物一同吞下。

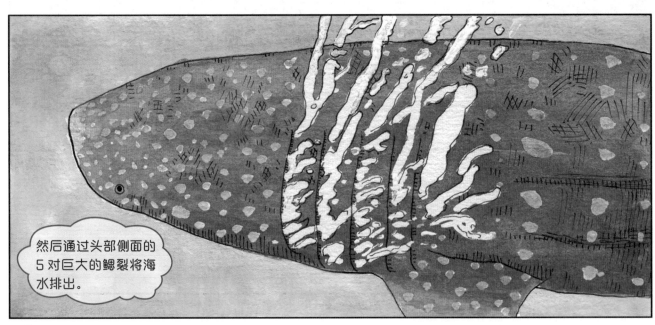

然后通过头部侧面的5对巨大的鳃裂将海水排出。

鲸鲨的身边总是跟随着一群小鱼，它们借力于鲸鲨游动时产生的水波得以保存体力。同时，它们依附在鲸鲨巨大的身体下还能躲避天敌的追杀。

这些小鱼像被磁铁吸附了一样紧紧围聚在鲸鲨周围。鲸鲨对这些追随者早已习以为常，这样的现象已经持续了成百上千年。

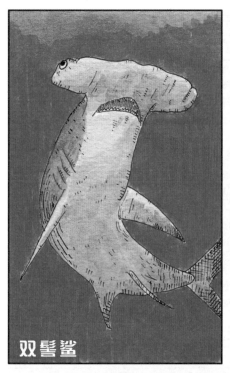

双髻鲨

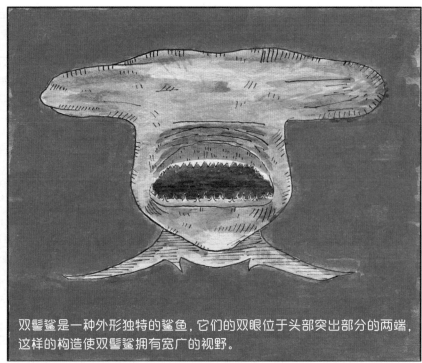

双髻鲨是一种外形独特的鲨鱼，它们的双眼位于头部突出部分的两端，这样的构造使双髻鲨拥有宽广的视野。

双髻鲨群

在白天，双髻鲨聚集在一起；到了晚上，它们就开始独自捕食猎物。

长尾鲨

长尾鲨也是一种体形怪异的鲨鱼，它们的身长有2米左右，但尾巴却比身子还要长。

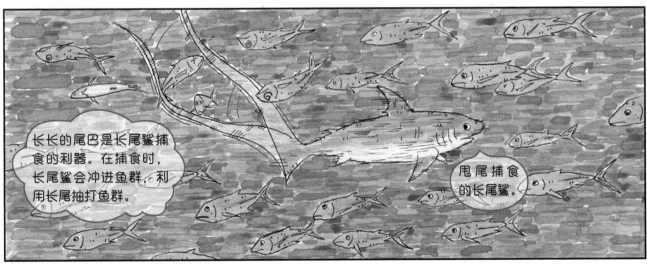

长长的尾巴是长尾鲨捕食的利器。在捕食时，长尾鲨会冲进鱼群，利用长尾抽打鱼群。

甩尾捕食的长尾鲨。

等鱼群散去后，长尾鲨再回头吃下那些被大尾巴打中的鱼。

鱼翅

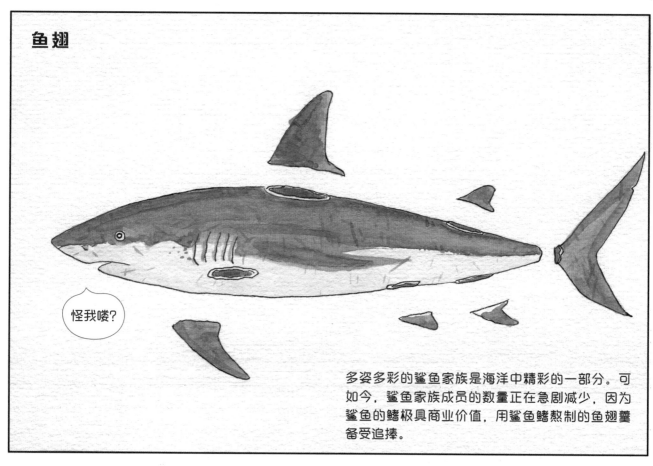

怪我喽？

多姿多彩的鲨鱼家族是海洋中精彩的一部分。可如今，鲨鱼家族成员的数量正在急剧减少，因为鲨鱼的鳍极具商业价值，用鲨鱼鳍熬制的鱼翅羹备受追捧。

为了满足人类对鱼翅的消费需求，全世界每年要捕杀大量的鲨鱼，一些鲨鱼种群现已濒临灭绝。如今，一些禁止捕鲨的法律已经获得通过，希望大家热爱海洋，保护海洋动物。

失去了鱼鳍的鲨鱼只
能沉入海底，慢慢等
待死亡。

125

海底火山

深海热液生态系统

管状蠕虫

海洋深处的环境极端恶劣，到处是黑暗与寒冷，却依然有许多令人意想不到的动物在那里繁衍生息。

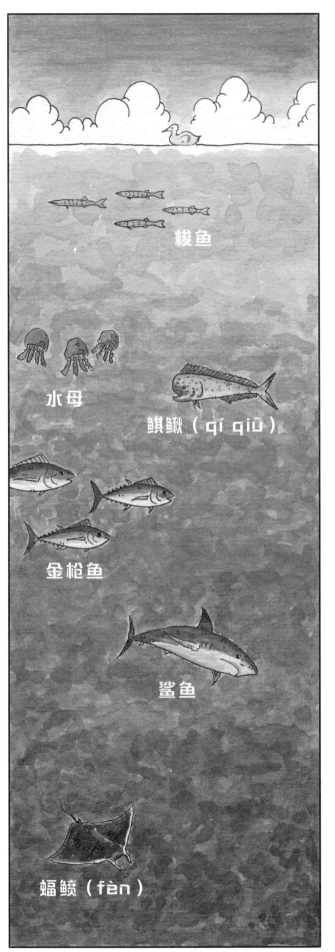

梭鱼

水母

鲯鳅（qí qiū）

金枪鱼

鲨鱼

蝠鲼（fèn）

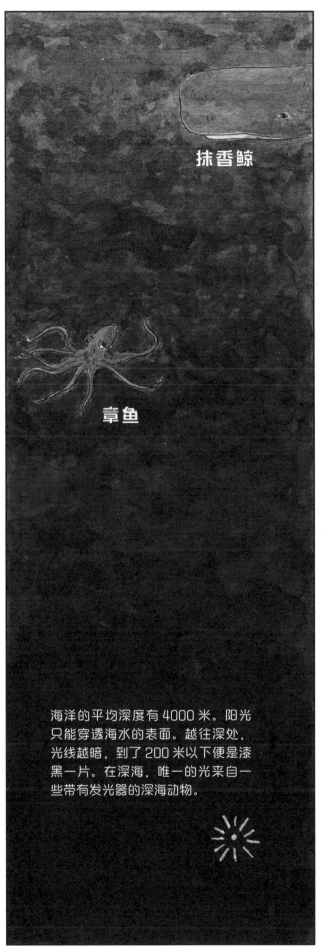

抹香鲸

章鱼

海洋的平均深度有 4000 米。阳光只能穿透海水的表面。越往深处，光线越暗，到了 200 米以下便是漆黑一片。在深海，唯一的光来自一些带有发光器的深海动物。

灯笼鱼

蟾（kuí）鱼

多数深海鱼都长着一张恐怖的大嘴，因为深海中的食物非常短缺，拥有一张大嘴可以使它们吞下更大的猎物。

蟾鱼利用头顶上的"小灯笼"作为诱饵，引诱猎物，等猎物靠近后便将其一口吞下。

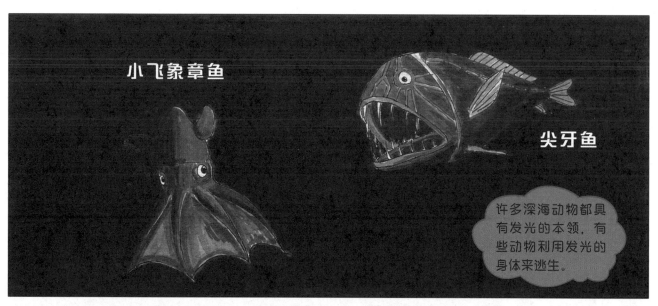

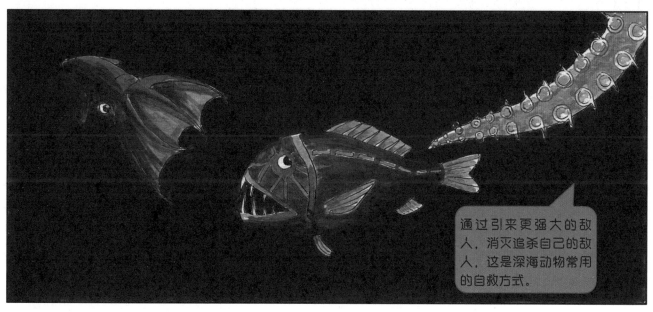

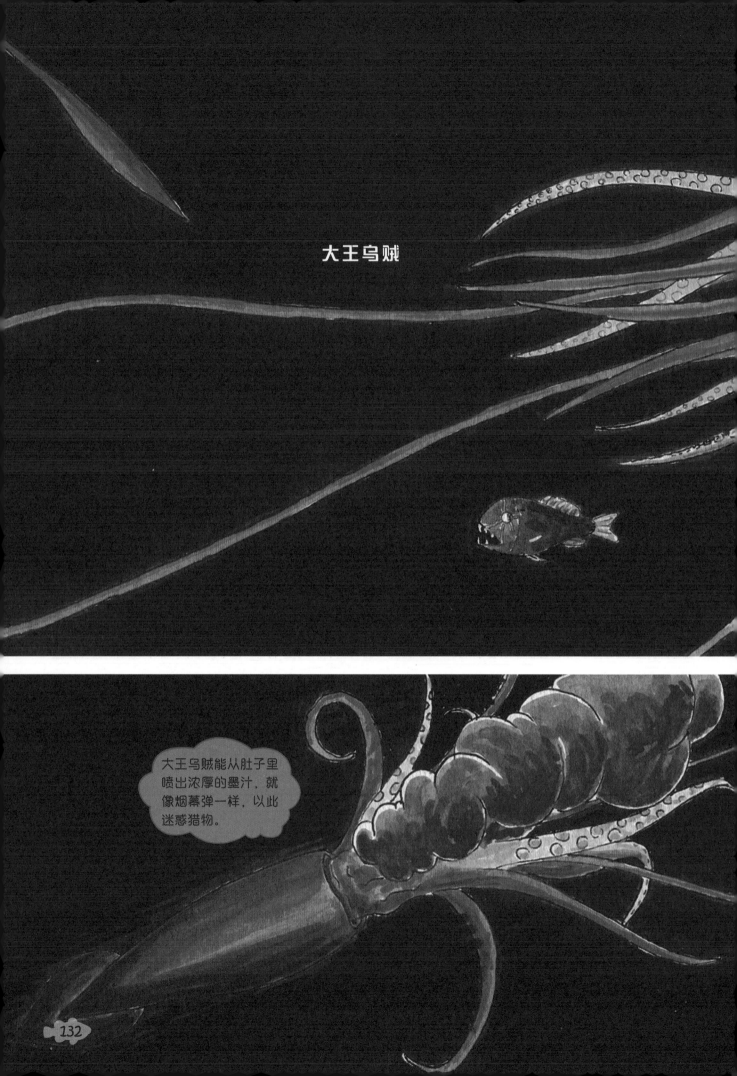

大王乌贼

大王乌贼能从肚子里喷出浓厚的墨汁，就像烟幕弹一样，以此迷惑猎物。

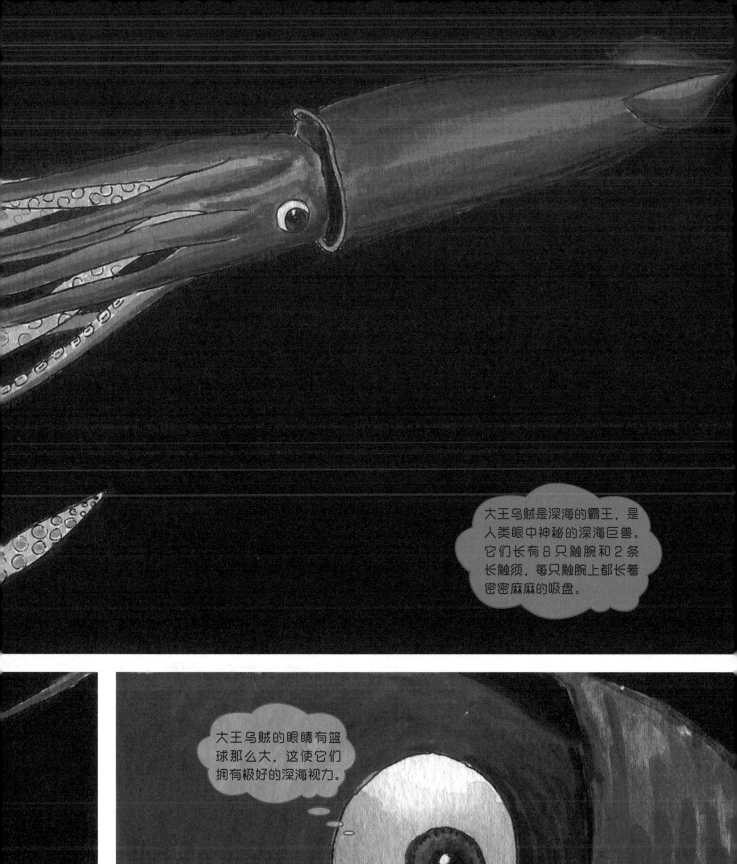

大王乌贼是深海的霸王，是
人类眼中神秘的深海巨兽。
它们长有8只触腕和2条
长触须，每只触腕上都长着
密密麻麻的吸盘。

大王乌贼的眼睛有篮
球那么大，这使它们
拥有极好的深海视力。

传说中的
大王乌贼

大王乌贼是历史上的传奇
海怪，传说中大王乌贼会
在深夜里浮出水面攻击船
只，并用长长的触腕将船
员卷起拖入大海之中。

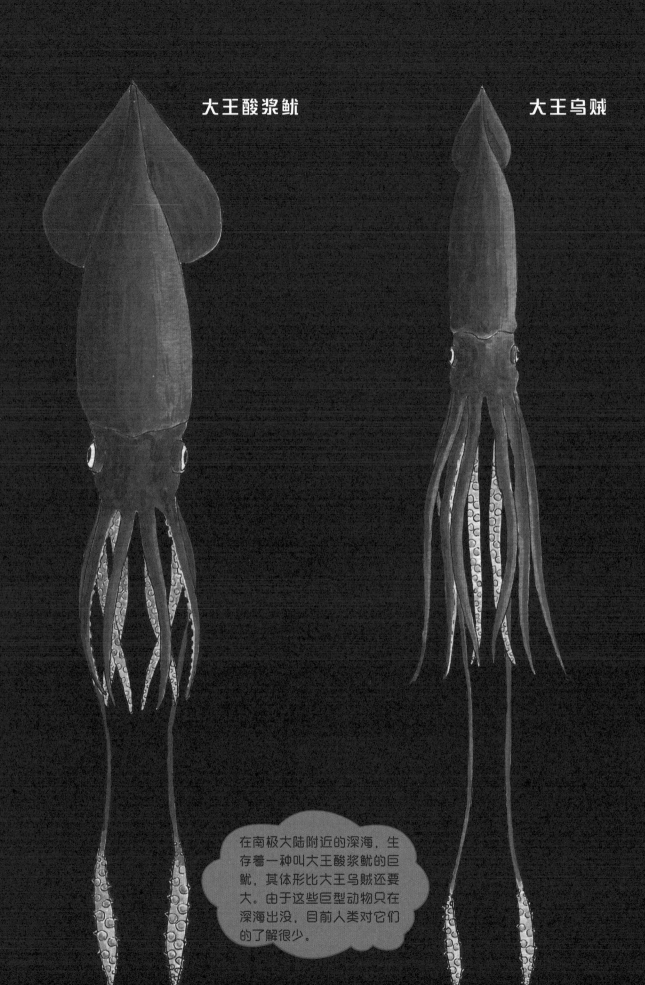

大王酸浆鱿　　　　　大王乌贼

在南极大陆附近的深海，生存着一种叫大王酸浆鱿的巨鱿，其体形比大王乌贼还要大。由于这些巨型动物只在深海出没，目前人类对它们的了解很少。

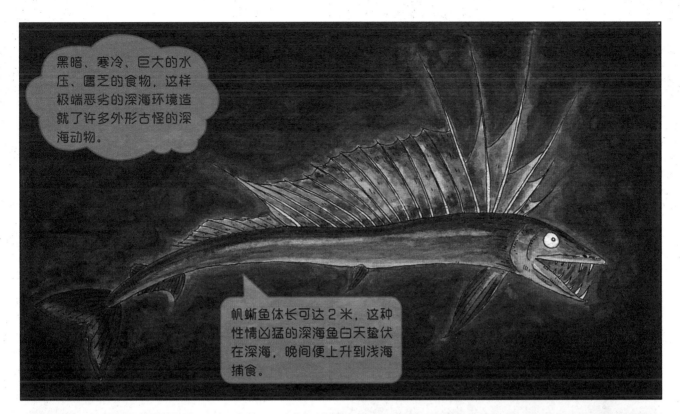

黑暗、寒冷、巨大的水压、匮乏的食物，这样极端恶劣的深海环境造就了许多外形古怪的深海动物。

帆蜥鱼体长可达2米，这种性情凶猛的深海鱼白天蛰伏在深海，晚间便上升到浅海捕食。

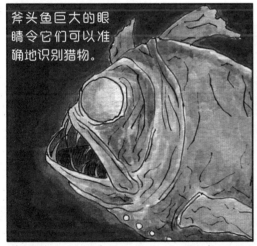

斧头鱼巨大的眼睛令它们可以准确地识别猎物。

吞噬鳗巨大的嘴巴使它们可以轻松吞下比自己大得多的猎物。

哥布林鲨（学名：欧氏尖吻鲛）是一种长相古怪的深海鲨鱼，身体呈粉红色，十分罕见。

皇带鱼

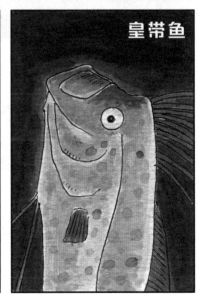

皇带鱼

皇带鱼是一种巨型深海带鱼，身体长而扁，体长最长可达 15 米。皇带鱼生病时或者死亡后有时会被海水冲到海岸，人们这才有机会见到它们的模样。

在海边被发现的皇带鱼尸体。

在深海中，皇带鱼喜欢头朝上漂浮于海底，静等猎物送到嘴边，然后迅速将其吸入口中。

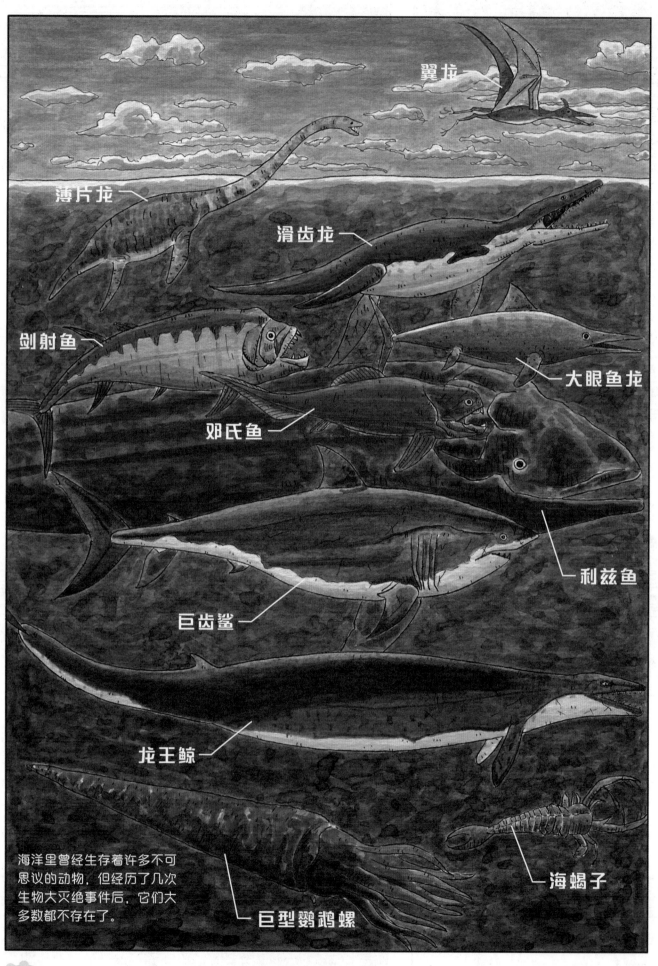

翼龙

薄片龙

滑齿龙

剑射鱼

大眼鱼龙

邓氏鱼

利兹鱼

巨齿鲨

龙王鲸

海蝎子

海洋里曾经生存着许多不可思议的动物，但经历了几次生物大灭绝事件后，它们大多数都不存在了。

巨型鹦鹉螺

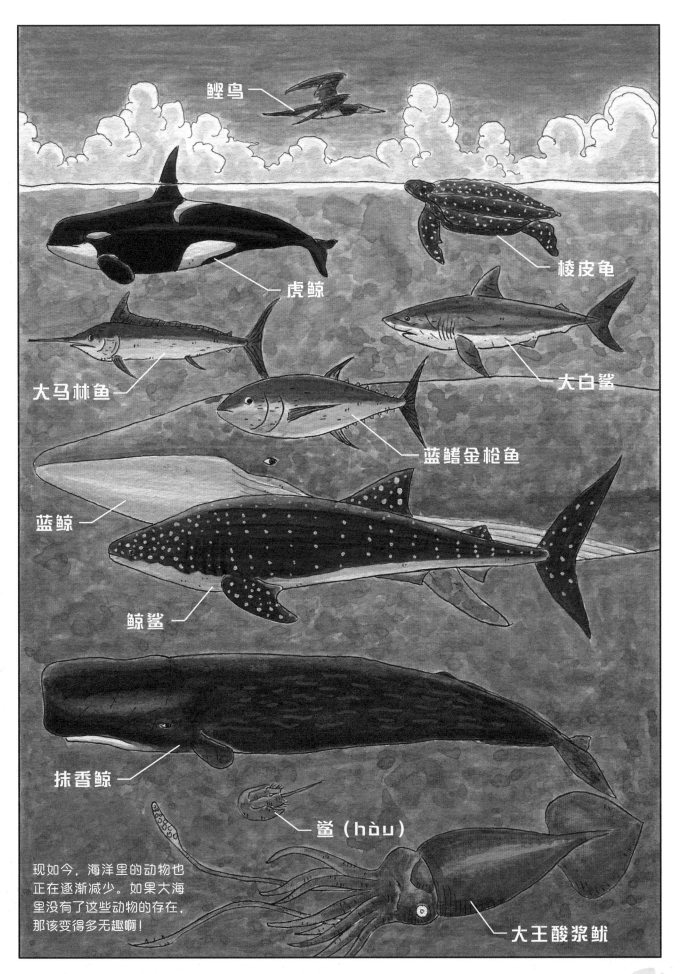

现如今，海洋里的动物也正在逐渐减少。如果大海里没有了这些动物的存在，那该变得多无趣啊！

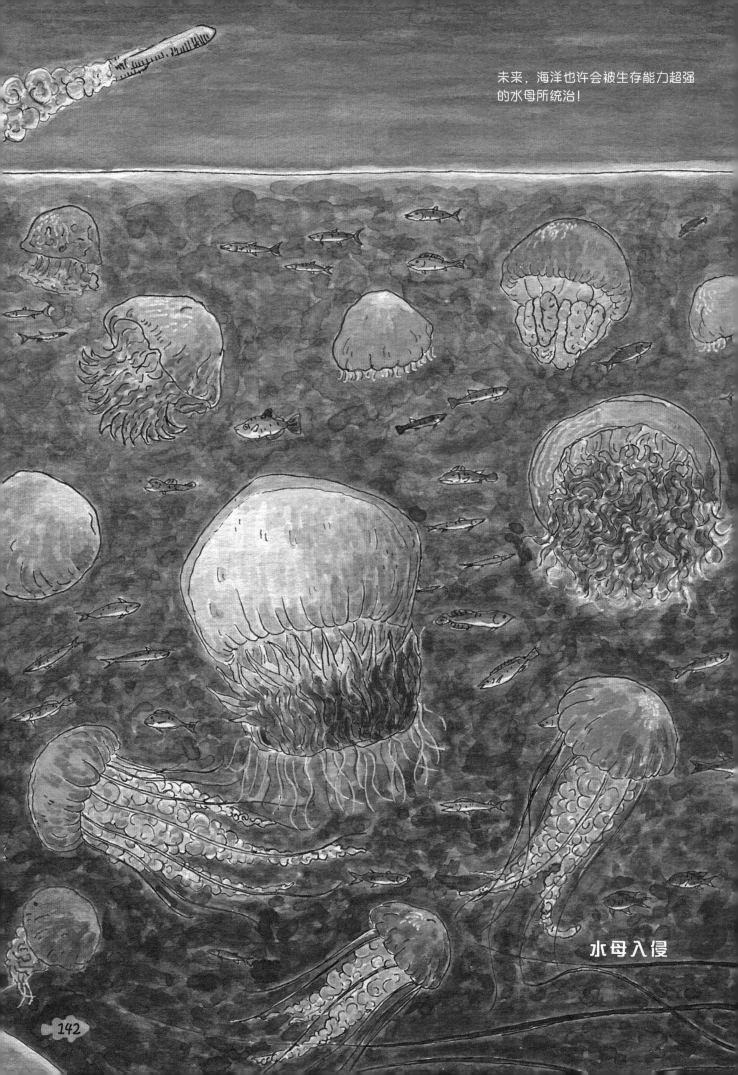

未来，海洋也许会被生存能力超强
的水母所统治！

水母入侵

142